# SUPPLÉMENT

A LA

# GÉOLOGIE DU DÉPARTEMENT DE LA SARTHE

D'ALBERT GUILLIER

PAR

ÉMILE CHELOT

LICENCIÉ ÈS SCIENCES
MEMBRE DE LA SOCIÉTÉ GÉOLOGIQUE DE FRANCE

LE MANS
TYPOGRAPHIE EDMOND MONNOYER
12, PLACE DES JACOBINS, 12
PARIS
COMPTOIR GÉOLOGIQUE DE PARIS
15, RUE DE TOURNON, 15
—
1886

# SUPPLÉMENT

A LA

# GÉOLOGIE DU DÉPARTEMENT DE LA SARTHE

a

# AVANT-PROPOS

Le Conseil général de la Sarthe ayant voté en 1883 les crédits nécessaires pour l'impression d'un ouvrage sur la géologie du département de la Sarthe, destiné à servir d'explication à la carte géologique agronomique en 15 feuilles au 40,000$^e$, chargea M. Guillier de ce travail. Le savant géologue se mit résolument à l'œuvre, malgré sa santé déjà ébranlée par de nombreux voyages, rassemblant avec le plus grand soin tous les documents propres à jeter quelque lumière sur la structure du sol de notre département dont il avait une connaissance approfondie. En même temps qu'il corrigeait les premières feuilles de cet ouvrage remis à l'impression à la fin de 1883, il ne cessait d'apporter à son manuscrit toutes les modifications nécessitées par les rapides progrès de la géologie à notre époque où chaque jour enregistre quelque nouvelle découverte. Un chapitre intitulé « *Addenda* » devait même contenir le résumé de quelques travaux touchant de près ou de loin à la géologie de la Sarthe et dont il avait eu connaissance trop tard pour pouvoir les insérer dans le texte même, ainsi que les résultats des recherches nouvelles concernant la géologie ou la paléontologie de la Sarthe, publiées pendant l'impression de cet ouvrage. Au moment même ou M. Guillier dirigeait le tirage des premières feuilles, la mort est venue le surprendre au milieu de ses travaux, à un âge où l'on pouvait encore espérer de lui de nombreuses découvertes pour l'avenir.

Sur la proposition de M. Étienne, ingénieur en chef des ponts et chaussées, à qui nous devons témoigner ici notre plus sincère gratitude, le Conseil général de la Sarthe, voulut bien nous charger du soin de mener à bonne fin l'ouvrage de notre maître regretté, nous avons dès lors dirigé l'impression et le tirage depuis la page 144, tirée en janvier 1885 jusqu'à la fin du livre qui ne comprend pas moins de 438 pages et vient d'être terminé en 1886 sous le titre de : *Géologie du département de la Sarthe*. Le Mans, in-4°, Monnoyer.

Plusieurs chapitres commencés n'avaient pu recevoir de M. Guillier la dernière main ; le chapitre Accidents Géologiques était resté à l'état d'ébauche, il en était de même des *Addenda* auxquels il n'avait pu consacrer tout le temps nécessaire. Les nombreux phénomènes d'affaissements ou de plissements, parfois suivis de failles, généralement indiqués sur la carte ou cités dans le texte à propos du terrain qu'ils ont affecté, suffisent à donner une idée des principaux mouvements qui ont donné à notre sol sa configuration actuelle ; aussi le chapitre « *Accidents Géologiques* » pouvait-il être laissé de côté. Mais il n'en était pas de même des additions et corrections inévitables dans un ouvrage d'aussi longue haleine et dont l'impression a duré plus de deux ans, aussi avions-nous réuni sous le titre *Supplément* les principales additions et modifications à apporter soit au texte même, soit aux listes de fossiles, d'après les travaux récents qui concernent la géologie et la paléontologie du département de la Sarthe. Oppel, qui avait plus d'une fois visité notre région avec Triger, dans son livre *Die Juraformation*, etc., et plus tard dans son ouvrage posthume terminé par Waagen : *Ueber die zone des Ammonites transversarius*, Waagen « *Die Zone des Ammonites Sowerbyi* », consacrent au département quelques pages d'un intérêt capital pour l'histoire géologique de notre sol. Nous les avions cités et résumés dans notre Supplément. Pouvait-on négliger des travaux aussi importants, justement connus et appréciés de tous et que M. Guillier eut été le premier à mettre en lumière ?

Le Conseil général de la Sarthe, dans sa session d'avril 1885, n'ayant pas accepté l'impression de ce Supplément à la fin de l'ouvrage d'Albert Guillier, nous le livrons aujourd'hui à la publicité, sous forme de brochure séparée, en y joignant une courte notice sur la vie et les travaux de notre maître regretté.

E. CHELOT.

# NOTICE

## SUR LA VIE ET LES TRAVAUX

### D'ALBERT GUILLIER

Le 17 avril 1885, le département de la Sarthe perdait un de ses enfants les plus distingués : Albert Guillier, conducteur principal des ponts et chaussées, chevalier de la Légion d'honneur, vice-président de la Société d'agriculture sciences et arts, membre de la Société géologique de France et de la Société d'études scientifiques d'Angers.

Né à Écommoy (Sarthe), le 21 septembre 1839, Albert Guillier vint, peu de temps après la mort de son père, achever ses études à l'École supérieure du Mans, où son nom figure au tableau des prix d'honneur pour 1855. Jeune encore, il entra au Service des ponts et chaussées comme agent temporaire, puis comme conducteur, en 1861, après un brillant examen qui lui valut les félicitations du jury. Doué d'une vive intelligence et d'une énergie peu commune qui lui faisaient surmonter toutes les difficultés, le jeune conducteur ne tarda pas à attirer l'attention de ses chefs, travaillant avec ardeur pour venir en aide à sa mère dont il était l'unique soutien. A de sérieuses connaissances il joignait l'amour des sciences naturelles, la structure du sol était surtout l'objet de ses études de prédilection, et occupait tous ses instants de loisir.

C'est vers cette époque que Triger achevant la *Carte géologique du département de la Sarthe*, à l'échelle de $\frac{1}{40.000}$, cherchait des collaborateurs actifs et intelligents pour mener à bonne fin cette œuvre magistrale commencée dès 1837 ; l'éminent géologue remarqua bientôt dans le jeune conducteur les qualités d'un observateur habile et judicieux et obtint l'autorisation de le prendre pour compagnon de ses excursions géologiques, c'est ainsi qu'il l'emmena avec lui dans ses voyages à Maestricht, et en Angleterre, visiter les régions classiques de Bath, Oxford, Calne, etc.

Guillier collabore dès lors à tous les travaux de son maître : aux profils géologiques de la ligne du chemin de fer du Mans à Angers, et à ceux de la ligne du Mans à Mézidon pour la compagnie de l'Ouest. De 1863 à 1865, en compagnie de Triger, il achève les profils géologiques de Paris à Brest, réseau de l'Ouest par Le Mans et Rennes, travail remarquable à cette époque, où malgré les études de Puillon-Boblaye, Dufrénoy et Dalimier, la classification des terrains paléozoïques de la Bretagne n'était pas encore fixée sur des bases solides. Pour la première fois on présentait sur une longueur de plus de 300 kilomètres une coupe détaillée de tous ces massifs paléozoïques, traversés de roches éruptives, fortement plissés et redressés parfois jusqu'à la verticale. Malgré quelques imperfections de détail, ce travail considérable n'en reste pas moins comme un des monuments de la science géologique. Afin de rendre à chacun ce qui lui est dû, ajoutons que la section comprise entre Paris et Versailles est l'œuvre de MM. Triger et Mille, celle de Versailles à Rennes a été faite en commun avec Triger, enfin la section de Rennes à Brest est entièrement l'œuvre de Guillier, Delesse s'était chargé de déterminer les roches éruptives.

Deux ans après, Guillier complétait les profils géologiques de Paris à Brest par Angers et Nantes, donnant pour la seconde fois une coupe détaillée des massifs paléozoïques de la Bretagne sur un développement de plus de 300 kilomètres.

Mentionnons en outre beaucoup d'autres profils géologiques pour la plupart inédits : celui du Mans à Cherbourg, qui valut à son auteur une médaille d'or à l'exposition maritime internationale du Havre en 1868 (1), ceux beaucoup plus récents de la ligne de Vendôme à Angers, par Château-du-Loir et La Flèche, de la ligne de La Flèche à Sablé, etc.

En 1869, Guillier terminait une étude sur la géologie du département de la Sarthe, commencée en 1863, sous le titre modeste de : *Profils géologiques des routes de la Sarthe*, comprenant un développement de plus de 1,000 kilomètres, accompagnés d'une notice explicative qui constitue le premier travail d'ensemble sur la géologie du département. On doit toutefois regretter que ces divers profils, exécutés pour le Service des ponts et chaussées, ou pour diverses compagnies de chemins de fer, n'aient pas toujours reçu la publicité qu'ils méritaient.

Un autre travail d'égale importance obligeait Guillier à faire de nombreux et pénibles voyages dans le Midi de la France, de 1869 à 1870, pour l'exécution des profils géologiques de la ligne du chemin de fer de Paris à Toulouse par Orléans, Limoges et Périgueux. M. Mille, inspecteur général des ponts et chaussées, qui avait pris l'initiative de ce travail, ayant obtenu, en 1870, de les faire continuer jusqu'aux Pyrénées, Guillier parcourut non sans fatigues et sans dangers les Pyrénées centrales, résumant ses observations par trois coupes géologiques principales : la première par la vallée de la Garonne et le Plà de Béret, la deuxième par les vallées de la Garonne et de la Neste, la troisième par la vallée de l'Ariège et le col de Puymorens (2) ; plus tard, en 1877, sollicité par la compagnie des chemins de fer espagnols, à l'occasion du projet de ligne entre Jaca et Huesca, il les continuait jusqu'à Saragosse.

Mais tant de fatigues ébranlaient sa santé déjà compromise peu d'années auparavant par un long séjour dans les marais du Finistère, dans le but de diriger des recherches de tourbe. Sous l'influence du climat brûlant de l'Espagne, les accès de fièvre devenus de plus en plus fréquents nécessitèrent son retour.

(1) Voir le journal *La Sarthe*, n° du 31 octobre 1868.

(2) Mille. — Passages et géologie dans les Pyrénées centrales. *Ann. des Ponts et Chaussées*, 5e série, 1875.

Dans les moments de loisir que lui laissaient son service et l'exécution de ces nombreux profils, Guillier eut plus d'une fois à s'occuper de recherches industrielles ; et il le fit toujours avec une rare conscience et le plus grand désintéressement. M. de Molon, grand promoteur des recherches de phosphates de chaux, le chargea d'étudier la plupart des gisements de chaux phosphatée de la France, en 1866 dans le département de l'Yonne, aux environs de Saint-Florentin et de Seignelay, puis dans l'Aube, en 1869 dans le département du Nord, à Lezennes, à Noyelles-sur-Selle et à Cambrai ; en 1870 dans le Boulonnais.

En 1871, on lui doit la découverte dans le département de la Sarthe et dans celui de l'Orne, à Ceton, de nombreux gisements de nodules de phosphate de chaux, d'ailleurs trop disséminés pour être exploitables.

En 1873, MM. de Molon et Guillier communiquaient à la Société d'encouragement pour l'Industrie nationale le résultat de leurs études sur les affleurements de la couche phosphatée de l'oolithe inférieure du Calvados, suivis pas à pas sur une ligne de plus de 40 kilomètres, allant de Formigny à Bretteville-sur-Odon (1).

Grâce au concours de ces deux savants, les recherches de phosphate de chaux fossile entraient dans une phase nouvelle, M. de Molon apportait à l'association sa fortune, ses qualités d'agriculteur instruit et de chercheur infatigable, Guillier, sa science profonde, son esprit d'observation, son jugement rapide et précis, ce qu'il ne devait pas tant à ses nombreux travaux qu'à une sorte d'intuition naturelle. Tant d'efforts ne devaient pas rester sans fruits, car en 1874 l'Académie des sciences décernait à M. de Molon le grand prix Morogues pour services rendus à l'agriculture.

Rappelons encore ses voyages géologiques dans le Finistère où à plusieurs reprises, en 1872, il dirigea des travaux de recherches de minerai de fer dans la baie du Faou, à l'embouchure de la rivière de Châteaulin ; on lui doit d'avoir fixé l'âge dévonien des ardoises de Châteaulin, considérées jusqu'alors comme siluriennes. L'année suivante, il dirigeait des travaux au cap Sizun, baie d'Audierne, où la houille forme une longue bande dirigée de l'Ouest à l'Est, qu'il put suivre depuis la baie des Trépassés jusqu'aux environs de Pouldergat ; en 1873, appelé par MM. Wilson de Nantes et White de Londres, il étudiait avec le plus grand succès les conditions de gisement du plomb argentifère dans la commune de Crossac (Loire-Inférieure).

Ses notes inédites renferment encore des études sur le régime des eaux souterraines au château du Rû, près Coulommiers, sur les ardoises de Parennes, sur les marbres de Cossé-en-Champagne, etc., ainsi que de nombreuses coupes géologiques, on doit regretter qu'elles n'aient jamais été publiées ; mais comme son maître Triger, Guillier, homme de lutte et d'action, avait trop peu de loisirs pour songer à donner à ses notes de voyage plus d'importance qu'il n'en attachait lui-même, ses cartes géologiques, chef-d'œuvre de précision, suffisent d'ailleurs à lui assigner une place parmi les géologues les plus distingués.

Membre de la Société géologique de France, il prit toujours une part active à ses travaux, sa première communication fut une note publiée en 1863, en réponse à un travail de M. l'abbé

(1) Risler. *Géologie agricole*, tome I, p. 275.

Bourgeois sur la distribution des espèces dans le terrain crétacé de Loir-et-Cher, où il maintenait l'ancienne limite admise par d'Orbigny entre le Turonien et le Sénonien, la craie de Villedieu constituant par sa faune le premier terme de l'étage sénonien. En 1870, il présentait à la Société, avec quelques détails nouveaux, les profils géologiques des routes de la Sarthe; plus récemment en 1881, il publiait en collaboration avec Davidson, une note sur les Lingules du grès armoricain de la Sarthe, en y joignant une coupe détaillée d'une carrière de Sillé-le-Guillaume.

La Société d'agriculture, sciences et arts de la Sarthe qui le comptait au nombre de ses membres depuis 1866, enregistra dans son Bulletin ses principaux travaux : la découverte de la faune seconde silurienne dans les schistes à nodules siliceux des environs de Chemiré-en-Charnie en 1867, gisement qui fut l'objet de plusieurs autres notes de MM. Guillier et de Tromelin en 1873 et en 1874 ; une note sur le sondage exécuté au Mans sur la place des Jacobins (1869) qui fixe l'épaisseur de l'étage cénomanien au Mans à 100 mètres environ ; puis le résumé de ses recherches sur les failles du coteau Saint-Vincent en 1871 ; une notice intéressante sur la constitution géologique du Belinois, au sud du Mans, sorte d'îlot jurassique au milieu des sables crétacés, résultat d'un fort bombement suivi de failles qui se relient intimement à une ligne remarquable d'accidents géologiques parallèles à la vallée de l'Huisne.

En 1872, le Conseil général vota la continuation de la carte géologique de la Sarthe en 15 feuilles au $\frac{1}{40,000}$, commencée par Triger, restée inachevée à la mort de ce géologue survenue en 1867, son élève Guillier fut chargé de mener à bonne fin ce travail, et y consacra près de dix années, en même temps qu'il collaborait au Service de la carte géologique détaillée de la France. On lui doit la publication de la *Carte géologique du département de la Sarthe*, carte d'assemblage à l'échelle de $\frac{1}{125,000}$ en 1876. La grande carte géologique agronomique du département de la Sarthe, qui ne comprend pas moins de 15 feuilles au $\frac{1}{40,000}$, ne fut définitivement achevée qu'en 1883 et publiée en 1884, les quatre feuilles centrales figuraient à l'exposition universelle de Paris en 1878. Cet immense travail, l'un des plus complets qui existe en France, n'est pas seulement une revision des minutes de Triger, déposées aux Archives de la Préfecture, mais une œuvre complètement originale en nombre de points où les anciennes divisions ont été simplifiées et mises au courant de la science, surtout en ce qui concerne les terrains paléozoïques de l'Ouest. A l'exposition figuraient encore les minutes des feuilles au $\frac{1}{80,000}$ du Mans et de Nogent-le-Rotrou qui furent publiées en 1880, et celle de la feuille de Mortagne qui ne fut achevée qu'en 1882. Guillier obtint une médaille d'or pour ses travaux géologiques, et un diplôme d'honneur, en collaboration avec M. de Molon, pour ses collections et ses coupes des gisements de chaux phosphatée de la France, enfin la croix de la Légion d'honneur vint couronner dignement une vie toute de lutte et de sacrifice entièrement consacrée aux progrès de la science ; le savant modeste fut seul étonné de cette distinction si méritée.

Mais ses dernières recherches dans le Finistère devaient lui être fatales, il avait contracté dans les marais de Coray le germe de l'affection paludéenne qui devait plus tard l'amener au tombeau ; sa santé déjà ébranlée par les fatigues de ses derniers voyages dans le midi et en Espagne devint de plus en plus chancelante. Il n'en continuait pas moins ses courses géologiques, dans le but d'achever la feuille de Tours, commencée en 1882.

Son cabinet, sa bibliothèque qu'il avait augmentée peu à peu avec ses modestes ressources, étaient ouverts librement à tous les travailleurs et ceux qui ont vécu comme moi dans son intimité peuvent seuls apprécier avec quelle modestie et quel désintéressement il donnait les renseignements précieux qu'il devait à sa connaissance approfondie du sol de notre région.

Au moment même où le savant géologue venait de terminer sa magnifique carte géologique du département, travaillait à la feuille de Tours, et corrigeait les premières feuilles d'un travail d'ensemble sur la géologie du département de la Sarthe, la mort est venue trancher brusquement une existence si bien remplie, malheureusement trop tôt terminée pour la science et l'affection de sa mère et de ses amis.

# LISTE DES TRAVAUX D'ALBERT GUILLIER

## I — PROFILS GÉOLOGIQUES

1863. — (*En collaboration avec TRIGER.*) Profil géologique de la ligne du chemin de fer du Mans à Mézidon, dressé sous la direction de MM. MILLE et THORÉ.

1864. — (*En collaboration avec TRIGER.*) Profil géologique de la ligne du Mans à Angers.

1863-1865. — (*En collaboration avec MM. MILLE et THORÉ, TRIGER et DELESSE.*) Profils géologiques de la ligne du chemin de fer de Paris à Brest. (Réseau de l'Ouest par Le Mans et Rennes.)

1867. — Profils géologiques de la ligne de chemin de fer de Paris à Brest. (Réseau d'Orléans par Angers et Nantes.)

— Profils géologiques de la ligne du chemin de fer de Mézidon à Cherbourg, dressé sous la direction de MM. MILLE et THORÉ (complétant le profil de 1863).

1869. — Profils géologiques des routes du département de la Sarthe, dressés sous la direction de MM. les Ingénieurs de CAPELLA, DUFFAUD, MARTIN et THORÉ, successivement chargés du service, avec Notice explicative géologique et agricole à l'appui de ces profils. Paris, Broise et Thieffry, 1 broch. 55 p., 1 atlas de coupes.

1871-1877. — Profils géologiques de Paris à Saragosse, comprenant :

1° Profils géologiques de la ligne du chemin de fer de Paris à Toulouse par Orléans, Limoges et Périgueux ;

2° Profils géologiques de Toulouse en Espagne, par la vallée de la Garonne et le Plà de Béret ; par les vallées de la Garonne et de la Neste, et le Polt de Mondary ; par la vallée de l'Ariège et le col de Puymorens (1875) ; enfin par les vallées des gaves de Pau et d'Oloron, le Somport, les vallées du Rio-Aragon, du Rio-Gallego et Saragosse (1877).

### PROFILS INÉDITS

1869. — Profils géologiques de la ligne du chemin de fer de Vendôme à Angers par Château-du-Loir et La Flèche (avant-projet).

1871. — Profils géologiques de la ligne de La Flèche à Sablé (avant-projet).

1872. — Profils géologiques du chemin de fer de Mamers à Saint-Calais.

1876. — Profils géologiques du chemin de fer de Laigle à La Hutte (section comprise entre Mortagne et Mamers).

1878. — Profil géologique de Paris à l'Océan et aux Pyrénées. Coupe d'ensemble à l'échelle de $\frac{1}{1,000,000}$ pour les longueurs, de $\frac{1}{20,000}$ pour les hauteurs.

## II — CARTES GÉOLOGIQUES

1876. — Carte géologique agronomique du département de la Sarthe (carte d'assemblage d'après J. TRIGER, revue et complétée par A. GUILLIER. Le Mans, 1 feuille à l'échelle de $\frac{1}{125,000}$ (publiée conformément à la délibération du Conseil général en date du 29 août 1872).

1876-1884. — Carte géologique agronomique du département de la Sarthe (1) ; d'après J. TRIGER, revue et complétée par A. GUILLIER. Le Mans, 15 feuilles, à l'échelle de $\frac{1}{40,000}$.

| | | | | | | |
|---|---|---|---|---|---|---|
| 1880. — Carte géologique détaillée de la France, à l'échelle de $\frac{1}{80,000}$. Feuille n° 93. Le Mans. | | | | | | |
| | — | — | — | — | — | n° 78. Nogent-l-R. |
| 1882. | — | — | — | — | — | n° 63. Mortagne. |
| 1883-1884. | — | — | — | — | — | n° 107. Tours (2). |

## III — TRAVAUX DIVERS

1863. — Observations relatives à une note de M. l'abbé BOURGEOIS sur le terrain crétacé du département de Loir-et-Cher. (*Bull. Soc. géol. de France*, 2e série, t. XX, p. 101, séance du 1er décembre 1862.)

1867. — Faune seconde silurienne aux environs de Chemiré-en-Charnie. Le Mans. (*Bull. Soc. Agric. Sc. et Arts de la Sarthe*, 2e série, t. XI (vol. XIX), p. 69, 1867.)

1869. — Communication relative aux profils géologiques des routes du département de la Sarthe et du chemin de fer de Paris à Brest par Le Mans et Angers. (*Congrès scientifique de France*, 36e session à Chartres, p. 86, 1869.)

(1) Les feuilles 8, 9, 11, 12, figuraient à l'Exposition universelle de Paris en 1878 ; les dernières publiées sont les feuilles 3 et 7.

(2) Travail resté inachevé ; la partie sud-ouest seule n'était pas complètement terminée.

1869. — Note sur le sondage exécuté au Mans sur la place des Jacobins. (*Bull. Soc. Agric. Sc. et Arts de la Sarthe*, 2e série, t. XII, p. 310.)

1870. — Note sur les profils géologiques des routes du département de la Sarthe. (*Bull. Soc. géol. de France*, 2e série, t. XXVII, p. 435, 1870.)

1871. — Note sur des phosphates de chaux découverts dans le département de la Sarthe. (*Bull. Soc. Agric. Sciences et Arts de la Sarthe*, 2e série, t. XIII, p. 23.)

— Note sur les failles du coteau Saint-Vincent. (*Idem*, p. 130.)

— Lettre à DELESSE sur la densité des roches du département de la Sarthe, qui sont employées comme pierres de taille dans les constructions. (DELESSE et de LAPPARENT. *Revue de Géologie* pour 1867 et 1868, vol. VII, p. 18.)

— Note sur la présence de nodules de phosphate de chaux dans la craie à Ostrea vesiculosa de La Ferté-Bernard et de Saint-Cosme dans la Sarthe. (*Idem*, p. 61.)

— Sur l'âge des ardoises de Châteaulin et sur les profils géologiques de Paris à Brest (réseau d'Orléans). (*Idem*, p. 223.)

1872. — Gisements de chaux phosphatée de la France. (*Bull. Soc. Agric. Sc. et Arts de la Sarthe*, 2e série, t. XIII, p. 298.)

1873. — Faune seconde silurienne entre Saint-Denis-d'Orques et Chemiré-en-Charnie. (Note additionnelle.) (*Bull. Soc. Agric. Sciences et Arts de la Sarthe*, 2e série, t. XIII, p. 633, 1872.)

1874. — Note sur le terrain silurien de la Sarthe, avec une lettre de M. de TROMELIN. (*Bull. Soc. Agric. Sciences et Arts de la Sarthe*, 2e série, t. XIV, p. 581, 1874.)

1875. — Étude sur l'ouvrage de M. GRAD, intitulé : Progrès et état présent des sciences naturelles, géologie. (*Bull. Soc. Agric. Sciences et Arts de la Sarthe*, 2e série, t. XV, p. 127, 1875.)

— (*En collaboration avec M. de MOLON.*) Rapport sur les gisements de phosphate de chaux de l'oolithe inférieure du Calvados. (Exposition de géographie à Paris, 1875.) Résumé dans DELESSE et de LAPPARENT. (*Revue de géologie*, t. XIII, 1877.)

— Note géologique sur le Belinois. (*Bull. Soc. Agric. Sc. et Arts de la Sarthe*, 2e série, t. XV, p. 59, 1 planche, 1875.)

1879. — Lettre à DELESSE sur le miocène du Sud-Est de l'Allier entre l'Allier et le Sichon. (*Revue de géologie* pour 1876 et 1877, t. XV, p. 146, Paris, 1879.)

— Note sur les failles des environs de Mortagne. (*Lettre à DELESSE*, mars 1878. *Revue de géologie*, t. XV, p. 205, 1879.)

— Note sur l'allure des eaux souterraines. (*Bull. Soc. Agric. Sc. et Arts de la Sarthe*, 2e série, t. XIX, p. 24, 1879.)

1880. — Indication d'un nouveau gisement de fossiles de la faune seconde silurienne près Saint-Aubin-de-Locquenay. (*Bull. Soc. Agric. Sciences et Arts de la Sarthe*, 2e série, t. XIX, p. 217, 1880.)

— Note sur les profils géologiques à travers les Pyrénées centrales. (Lettre à DELESSE, avril 1879. *Revue de géologie*, t. XVI, p. 174, 1880.)

1881. — Note sur la Dreissena polymorpha. (*Bull. Soc. Agric. Sc. et Arts de la Sarthe*, 2e série, t. XIX, p. 285, 1880.)

— Note sur les Lingules du grès armoricain de la Sarthe, avec description des espèces, par Th. DAVIDSON. (*Bull. Soc. géol. de France*, 3e série, t. IX, p. 372, 1881.)

— Note sur les météorites et spécialement sur celles tombées au Grand-Lucé, le 13 sept. 1768. (*Bull. Soc. Agric. Sciences et Arts de la Sarthe*, 2e série, t. XX, p. 157, 1881.)

1882. — Observations relatives à un travail de M. SAUVAGE, sur les poissons fossiles des terrains crétacés de la Sarthe. (*Bull. Soc. Agric. Sc. et Arts de la Sarthe*, 2e série, t. XX, p. 330, 1882.)

1883-1885. — Géologie du département de la Sarthe (1), pour servir d'explication à la carte géologique agronomique de la Sarthe. (1 vol. in-4° raisin, 438 pages, 49 figures dans le texte. Le Mans, typ. Monnoyer, Paris, Comptoir géologique, 1886.)

(1) Ouvrage posthume, mené à bonne fin par les soins de M. E. Chelot, élève de M. Guillier.

# SUPPLÉMENT

A LA

# GÉOLOGIE DU DÉPARTEMENT DE LA SARTHE

## SYSTÈME SILURIEN

On peut ajouter aux généralités sur le Système silurien, p. 27 de la *Géologie de la Sarthe*, les observations suivantes :

On a longtemps considéré les terrains paléozoïques de la Bretagne, comme formant deux bassins principaux : le bassin de Rennes et le bassin de Brest séparés par un relèvement des couches cambriennes constituant la chaîne du Menez.

Les recherches récentes de M. Barrois (1) ont démontré la continuité de ces deux grands bassins. Les monts du Menez ne sont en réalité qu'une partie effondrée entre failles du grand bassin paléozoïque synclinal qui s'étendait de l'Est à l'Ouest depuis Châteaulin jusqu'à Sablé, par Gahard et Laval. Au sud de cette ligne un grand axe anticlinal, formé par les couches cambriennes, traverse la Bretagne de la baie de Douarnenez à Château-Gontier.

(1) Ch. Barrois. Sur la structure stratigraphique des monts du Menez. *Comptes rendus Acad. Sc.*, t. CI, p. 1296. (14 décembre 1885.)

Liste des fossiles du Grès Armoricain, p. 39 de l'ouvrage cité ci-dessus :

Dans un livre paru en 1883 : *Essai sur la Flore primordiale*, M. Louis Crié (1), contrairement à l'opinion de M. Nathorst, soutient l'opinion que les Bilobites sont des frondes d'Algues tubiformes alliées aux Caulerpées, et voit dans les Tigillites, d'accord en cela avec une opinion défendue par M. Barrois, le remplissage du canal central de corps voisins des Verticillipora (éponges calcaires de la famille des Pharétrones).

L'auteur indique une nouvelle espèce des grès à Bilobites de Chemiré-en-Charnie sous le nom de : **Eophyton Saportanum**, Crié, p. 43, fig. 13, et propose de nommer **Palæotenia Guillieri**, Crié, p. 49, une forme voisine des Eophyton, paraissant identique au Fræna Goldfussi. Rouault.

Dans son tableau de la distribution géologique des Bilobites, M. Louis Crié cite du Maine les espèces suivantes :

**Cruziana Bronnii**, Rouault. **C. Cordieri**, Rouault. **C. furcifera**, Rouault. **C. Lyelli**, Rouault. **C. Prevosti**, Rouault. **C. rugosa**, d'Orbigny. **C. Lefebvrei**, d'Orbigny. **Crossochorda scotica**, Schimper. (**Cruziana Bagnolensis**, Morière.)

Dans la liste des fossiles du grès armoricain, p. 39.

**Tigillites Dufrenoyi**, Rouault. — Ajouter : De Lapparent. Fossiles caractéristiques des terrains sédimentaires, 1er fasc. Fossiles primaires. Paris, 1885, pl. 4, fig. 2, 3.

**Cruziana Lyelli**, Rouault, de Lapparent. Id., pl. 4, fig. 6.

# SYSTÈME DÉVONIEN

On doit faire d'après les travaux récents les modifications suivantes à la liste des fossiles dévoniens du département de la Sarthe, donnée dans la *Géologie de la Sarthe*, par M. Guillier, p. 65 à 70.

**Bellerophon Galloisi**, Chelot n. sp., 1886.

Bellerophon angulatus, Guéranger. Essai d'un Répertoire paléont., p. 10, 1853.

Id., Œhlert et Davoust. *B. S. G. F.*, 3e série, t. VII, p. 714, pl. 15, fig. 6, a. b. c., 1879. Viré.

Non Bellerophon angulatus, d'Orbigny in Férussac et d'Orbigny. Histoire naturelle des Céphalopodes acétabulifères. Paris, 1834-1839, p. 200, pl. 4, fig. 20-24. Carbonifère.

Non Bellerophon angulatus, Eichwald. 1840. Ueber die silurische Schichtensystem in Esthland, p. 112. (Zeitschrift für Natur-und-Heilkunde der medizinischen Akademie zu St-Petersburg. Heft I. u. II.)

Id. Lethæa rossica. 1860, 1er volume, 2e section de l'ancienne période, p. 1070. Atlas, pl. 41, fig. 12. Silurien supérieur. Ile d'Odinsholm.

(1) Louis Crié. Les origines de la vie. — Essai sur la flore primordiale. Paris, Doin, in-8°, 1883.

Nous dédions l'espèce dévonienne de la Sarthe à M. Gallois, secrétaire de la Société d'Études scientifiques d'Angers.

N° 54. Remplacer : Productus Lorierei par **Strophalosia Lorierei,** D'ORBIGNY sp.

ŒHLERT. Études sur quelques brachiopodes dévoniens. *B. S. G. F.*, 3e série, t. XII, p. 437, pl. 18, fig. 4, 4 a, 1884. Viré.

N° 57. Ajouter à la liste :

**Chonetes plebeia,** SCHNUR. Brachiopoden der Eifel. Palæontographica, t. III, p. 226, pl. 42, fig. 6.

ŒHLERT. Note sur les Chonetes dév. de l'Ouest de la France. *B. S. G. F.*, 3e série, t. XI, p. 517, pl. 14, fig. 3, 1883. Brûlon.

N° 56. **Chonetes Boblayei,** DE VERNEUIL. — Ajouter :

DE VERNEUIL. *B. S. F. G.*, 2e série, t. VII, p. 780, 1850.

ŒHLERT. Note sur les Chonetes dév. de l'Ouest de la France. *B. S. G. F.*, 3e série, t. XI, p. 521, pl. 14, fig. 4, 1883.

N° 61. Supprimer de la liste **Leptæna Bohemica,** BARR., espèce silurienne citée à tort autrefois dans le dévonien de la Sarthe.

N° 68. Remplacer le nom de Leptæna devonica, D'ORBIGNY, par celui de **Streptorhynchus devonicus.**

N° 71. Remplacer le nom de Orthis orbicularis, D'ARCH. et DE VERNEUIL, par celui de :

**Orthis fascicularis,** D'ORBIGNY. Prodr., t. I, p. 90, 2e ét., n° 822, 1849.

DE TROM. et LEBESCONTE. *B. S. G. F.*, 3e série, t. IV, p. 612, 1876.

ŒHLERT. *B. S. G. F.*, 3e série, t. XII, p. 434, 1884.

Il est douteux que les échantillons de Viré soient identiques à ceux d'Espagne.

N° 76. **Orthis Hamoni,** ROUAULT. — C'est l'Orthis Michelini, LÉVEILLÉ sec. DE VERNEUIL. *B. S. G. F.*, 2e série, t. VII, p. 782, 1850. (Non Orthis Michelini, LÉVEILLÉ, Carbonifère.)

DE TROMELIN et LEBESCONTE, avant M. BAYLE, avaient déjà rapporté cette forme à l'Orthis Hamoni de ROUAULT. *B. S. G. F.*, 3e série, t. IV, p. 612, 1876.

N° 77. — Supprimer de la liste : **Hemithyris crispata,** Sow. sp.

N° 78. Remplacer le nom de Hemithyris Pareti, DE VERNEUIL, par celui de **Rhynchonella sub Pareti,** ŒHLERT. Études sur quelques brachiopodes dévoniens. *B. S. G. F.*, 3e série, t. XII, p. 116, pl. 19, fig. 3, 3 a, etc., 1884.

Viré, Les Courtoisières, Vaux, Michel, Saint-Cénéré.

N° 79. **Uncinulus Œhlerti.** BAYLE.

Terebratula Eucharis, BARR. sec. DE VERNEUIL. *B. S. G. F.*, 2e série, t. VII, p. 780, 1850. (Non T. Eucharis, BARR. Silurien.)

ŒHLERT. *B. S. G. F.*, 3e série, t. XII, p. 430, pl. 22, fig. 2, 2 a., 1884.

N° 80. **Uncinulus subwilsoni,** D'ORBIGNY sp. — Ajouter :

ŒHLERT. *B. S. G. F.*, 3e série, t. VII, p. 427, pl. 21, fig. 1.

N° 82'. Ajouter à la liste :

**Rhynchonella Guillieri,** ŒHLERT. Études sur quelques brachiopodes dévoniens. *B. S. G. F.*, 3e série, t. XII, p. 419, pl. 20, fig. 2, 2 a-c., 1884.

Brûlon (Vaux-Michel), Tranchée de Sablé.

N° 84. Lire au lieu de Conchidium inornatum, BAYLE. **Pentamerus inornatus,** BAYLE sp.

N° 85. **Pentamerus Chaperi,** BAYLE sp. Au lieu de Conchidium Chaperi, BAYLE. C'est le Pentamerus galeatus? DALMAN sec., DE VERNEUIL. *B. S. G. F.*, 2e série, t. VII, p. 781 (non DALM.).

Viré, Brûlon, Les Courtoisières.

N° 86. Supprimer de la liste : **Pentamerus globus,** BRONN.

N° 89. **Spirifer Venus,** D'ORB. — Ajouter : ŒHLERT. *B. S. G. F.*, 3e série, t. XII, p. 432, pl. 18, fig. 3 a-d., 1884.

N° 106. Lire **Bifida lepida**, GOLDF. sp. au lieu de Retzia lepida.

N° 108. Remplacer le nom de Meganteris Archiaci, DE VERN., par celui de **Meganteris inornata**, D'ORBIGNY sp. (Atrypa inornata D'ORBIGNY. Prodr, I, p. 92 Et. 2, n° 860), ainsi que l'ont fait remarquer DE TROMELIN et LEBESCONTE. *B. S. G. F.*, 3e série, t. IV, p. 611, 1876. BAYLE. Explication de la carte géologique de France t. IV, atlas, pl. 10, fig. 6-9, 1878.

N° 109. Ajouter à la liste :

**Centronella Bergeroni**, ŒHLERT. Description de deux Centronelles du dévonien inférieur de l'Ouest de la France. (Bull. Soc. Étud. Scient. d'Angers, 14e année, 1884, p. 24, 1 pl., fig. 1-9, 1885.)

Brûlon (Vaux-Michel), Marcil-en-Champagne, tranchée de la Butte.

N° 122. Supprimer de la liste :

**Calceola sandalina**, dont la présence dans la Sarthe peut être considérée comme très douteuse.

N° 125. Remplacer le nom de Favosites Goldfussi D'ORBIGNY, par celui de **Favosites punctata**, BOULLIER. Mémoire sur une espèce de polypier fossile rapportée au genre Favosite de LAMARCK. (Mémoires de la Société Linnéenne de Paris, t. V (année 1826), p. 435, pl. 8, fig. 1-4, 1827), ainsi que l'ont fait remarquer MM. de TROMELIN et LEBESCONTE. *B. S. G. F.*, 3e série, t. IV, p. 611, 1876 et ensuite M. ŒHLERT. *B. S. G. F.*, 3e série, t. V, p. 600, 1878.

## SYSTÈME CARBONIFÈRE

Liste des fossiles du calcaire carbonifère, p. 89 de la *Géologie de la Sarthe :*

**Amplexus coralloides**, SOWERBY. Ajouter : Min. Conch., 1 p. 165, pl. 72. MILNE-EDWARDS et J. HAIME. Polyp. foss. des terr. paléoz., p. 342. Sablé.

Parmi les espèces douteuses on peut ranger **Aptychus Gallienneanus** D'ORBIGNY (*B. S. G. F.*, t. XIII, p. 359, 1842), magnifique échantillon avec les deux valves, de forme triangulaire, appartenant à la collection Gallienne, trouvé dans les couches carbonifères de Sablé.

## SYSTÈME JURASSIQUE

On doit faire à la liste des fossiles de l'étage Liasien, donnée par M. Guillier, les modifications suivantes :

**Harpax Parkinsoni**, BRONN, EUDES DESLONGCHAMPS. Essai sur les Plicatules fossiles des terrains du Calvados, p. 37, pl. IX, fig. 1-46 et pl. X, fig. 1-23. (Mém. Soc. Linn. Norm., t. XI, 1858.)

Var. recuperata. Précigné. Var. rudis. Précigné. Var. eudoxa. Poillé.

**Harpax asperrimus**, EUDES DESLONGCHAMPS. *Id.*, p. 49, pl. 11, fig. 1-5. Précigné.

**Harpax senescens**, EUDES DESLONGCHAMPS. *Id.*, p. 53, pl. 11, fig. 23-32. Précigné.

**Harpax alternans**, EUDES DESLONGCHAMPS. *Id.*, p. 121, pl. 18, fig. 11-20. Précigné.

P. 112. **Microdiadema Richeriana,** Cotteau. Ajouter : Pal. franç., terr. jur. Ech. réguliers, t. X, 2e partie, n° 523, p. 883.

Ajouter à la liste des fossiles de l'étage Toarcien :

**Belemnites Harleyi,** Mayer. Diagnoses de Bélemnites nouvelles. Journ. de Conch., 3e série, t. VI (vol. XIV), p. 362, 1866.

Lias supérieur. Asnières (Sarthe). Couche à Leptæna de Curcy. Calvados.

Il n'est pas certain que le gisement de cette espèce du groupe des canaliculati soit le lias supérieur dans la Sarthe; elle pourrait aussi bien appartenir à l'étage suivant, oolithe inférieure, bien développé dans les carrières d'Asnières.

**Ammonites (Hildoceras) connectens,** Haug. 1885, Beitræge zu einer Monographie der Ammoniten-Gattung Harpoceras. (Neues Jahrb. für Min. Beilage-Band III, p. 686, pl. 12, fig. 8.) Chevillé.

**Ammonites (Hildoceras) borealis,** Seebach. 1864. Der hannoversche Jura, p. 150 pl. 7, fig. 5. Haug. Neues Jahrb. Beil. Bd. III, p. 642, 1885. Mamers.

P. 119. **Ammonites (Hildoceras) Frantzi,** Reynès. Ajouter : citée par Haug. Notes sur quelques espèces nouvelles ou peu connues du Lias supérieur. *B. S. G. F.*, 3e série, t. XII, p. 351, 1884.

*Id.* Beitræge zu einer Monographie der Ammoniten-Gattung Harpoceras. Neues Jahrb., 1885, Beilage-Band III, p. 642.

**Ammonites (Harpoceras) striatulum,** Sowerby. Var. comptum. Haug. *B. S. G. F.*, 3e série, t. XII, p. 350, pl. XV, fig. 2, a. b. *Id.* Neues Jahrbuch, etc. Beilage-Band III, p. 611.

**Lima Toarcensis,** Deslongchamps. Ajouter : Notes paléontologiques et géologiques sur le département de la Manche. (Bull. Soc. Linn. Norm., t. I, p. 79, 1856.)

Cette espèce du groupe des Plagiostoma, bien caractéristique du Lias supérieur dans les Deux-Sèvres, la Sarthe et le Calvados, a été pendant longtemps confondue avec Lima gigantea Sow. sp. par la plupart des auteurs.

Deslongchamps la distingua sous le nom de Lima Toarcensis et en donna la description dans le premier volume du *Bulletin de la Société Linnéenne de Normandie,* publié en 1856.

La même année, Oppel, dans son livre, *die Juraformation*, fit la même remarque et proposa d'appeler Lima gallica, l'espèce du Lias supérieur citée sous le nom de Lima gigantea. Sow. par d'Orbigny. Prodrome, t. I, p. 255. Il ajoute que le type de Sowerby provenait du Lias inférieur de Bath (Wiltshire) et qu'on doit lui réunir Lima edula, d'Orb. Prodr., t. I, p. 219.

Oolithe inférieure à Terebratula perovalis, p. 124 :

Waagen. Ueber die zone des Ammonites Sowerbyi. (Benecke. Geognostisch-palæontologische Beitræge. Band I, Heft. III. München, 1867.)

Donne p. 65 et 66 (571 et 572 du recueil) une liste des fossiles de Tennie, d'après Oppel et d'après des échantillons envoyés au Muséum de Munich par Sæmann, mais sans distinguer d'une façon précise la zone où ces fossiles avaient été recueillis. Cependant l'examen des échantillons lui permit de reconnaître qu'une couche de calcaire sableux jaunâtre riche en fossiles représente les zones à Ammonites Murchisonæ et Amm. Sowerbyi, tandis que les calcaires jaunâtres qui surmontent un banc de calcaire spathique à Phasianella Sæmanni représentent les zones à

Ammonites Humphriesianus et à Amm. Parkinsoni. Comme on le voit, par la coupe fig. 14, donnée par M. Guillier, cette dernière zone commence en réalité un peu plus bas.

Waagen cite des couches sableuses de Tennie les espèces suivantes :

**Belemnites Gingensis,** OPPEL. Die Juraformation, etc. 1858, p. 362, WAAGEN, l. c., p. 83.
**Ammonites Sowerbyi,** MILLER. WAAGEN, l. c., p. 84.
**Ammonites Gingensis.** WAAGEN, l. c., p. 89, pl. 26 (3), fig. 2, a. b. Amm. jugosus (pars) OPPEL. Juraformation, p. 369, 1856 (non SOWERBY).
**Ammonites Sauzei,** D'ORBIGNY. WAAGEN, l. c., p. 100.
**Lima cf plana,** ZIETEN.
**Lima cf Lorierei,** D'ORBIGNY.
**Isocardia cordata,** BUCKMANN. Geol. of. Cheltenham, p. 98, pl. 7, fig. 1, 1845.
**Cucullæa oblonga,** SOWERBY.
**Modiola plicata,** SOWERBY. Min. Conch., 1819, t. III, p. 87, pl. 248, fig. 1, 2. Mytilus Sowerbyanus, d'ORB. Prod.
**Mytilus** sp.
**Lima pectiniformis. (Ctenostrea)** SCHLOTHEIM, Ostracites pectiniformis SCHLOTHEIM. Petrefaktenkunde, p. 231, 1820. Ostrea pectiniformis, ZIETEN. Verst. Württ., pl. 47, fig. 1, 1832.
C'est l'espèce citée dans la liste, p. 125 de la *Géologie de la Sarthe*, sous le nom de L. proboscidea. SOWERBY.
**Lima semicircularis.**
**Lima** nov. sp.
**Lima Helena,** D'ORBIGNY, prodr. Etage 10, n° 390.
Cette espèce appartient plutôt à la zone de l'Ammonites Parkinsoni.
**Panopæa calceiformis,** D'ORBIGNY.
**Pholadomya fidicula,** SOWERBY.
**Pholadomya Wittlingeri,** WAAGEN, l. c., p. 108, 1867.
Phol. Heraulti, OPPEL. Die Juraformation, p. 394. Non Agassiz.
**Gresslya latirostris.** AG.
**Ceromya Orbignyana,** OPPEL. Die Juraformation. 1856, p. 397.
C'est l'espèce citée dans la liste, p. 125 de la *Géologie de la Sarthe*, sous le nom de Ceromya Bajociana D'ORBIGNY, prodr.
**Pleuromya tenuistria,** GOLDF. sp. Pl. 153, fig. 2.
Panopæa tenuistria, D'ORBIGNY, prodr. Étage 10, n° 212, 1850.
**Homomya** sp.
**Tancredia donaciformis,** LYCETT. *Ann. nat. hist.*, 1850, et *Proceedings of the Cotteswold nat. hist. Club.*, 1853.
Hettangia Dionvillensis Terquem. *B. S. G. F.*, t. X, p. 375, pl. 1, fig. 1-4.
**Astarte excavata,** SOW. Min. Conch., 1819, pl. 233.
**Trigonia striata,** SOWERBY.
**Trigonia tuberculata.** AG. Trigonies, pl. 2, fig. 17, 1841. (Non pl. 9, fig. 6-8.)
**Gervillia prælonga,** LYCETT. The Cotteswold Hills., p. 127, pl. 6, fig. 6, 1857. WAAGEN, l. c., p. 122 (628).
**Pecten pumilus,** LK.
**Gryphæa sublobata,** DESH. sp. (Ostrea) Encycl. méth., t. II, p. 307, 1831.

On voit en comparant cette liste à celle qu'Oppel a donnée dans son livre *Juraformation*, que Waagen a peu ajouté aux déterminations d'Oppel.

Ajouter à la liste des fossiles de l'oolithe inférieure à Terebratula perovalis :

**Belemnites Heberti**, MAYER. Liste par ordre systématique des Bélemnites des terrains jurassiques et diagnoses d'espèces nouvelles. Journal de Conch., 3e série, t. III (vol. XI), p. 192, 1863. Tennie, Sarthe.

**Lima heteromorpha**, DESLONGCHAMPS. Ajouter : *B. S. G. F.*, 1re série, t. III, p. 5, 1832-1833. (Réunion extraordinaire à Caen, du 4 au 12 sept. 1832.)

DESLONGCHAMPS. Description des couches du système oolithique inférieur du Calvados, suivie d'un catalogue descriptif des Brachiopodes qu'elles renferment. Bull. Soc. Linn. Norm., t. II, p. 321, 1857, y rattache comme synonyme Lima Hersilia, d'ORB.

**Stomechinus serratus**. AG. DESOR. Ajouter :

COTTEAU. Pal. franç. Terr. Jur., t. X. Echin. réguliers, no 476, p. 711, pl. 456, fig. 3, 9 et pl. 457. Tennie.

Liste des fossiles de l'oolithe inférieure à Ammonites Parkinsoni :

Remplacer Lima proboscidea, SOWERBY, par **Lima Hector**, D'ORBIGNY, Prodr. Étage 10, no 388, 1850. BAYLE. Explic. carte géol., t. IV. Atlas, pl. 124, fig. 1, 1878.

Liste des végétaux fossiles de l'oolithe de Mamers, p. 136.

**Lomatopteris Desnoyersii**. Ajouter : Filicites Desnoyersi. AD. BRONG. Ann. Sc. Nat., t. IV, p. 421, pl. 19, fig. 1.

Pecopteris Desnoyersi, Brong. Hist. des Vég. fossiles, t. I, p. 360, p. 329, fig. 1, et Tabl. des genres de Vég. foss., p. 105.

**Otozamites marginatus**, DE SAPORTA. Pal. franç., 2e série, vol. II. Cycadées, 1875, p. 168, pl. 109, fig. 1. Orne. Bathonien ?

**Otozamites Reglei**. BRONGNIART sp. Ajouter : De SAPORTA. *Id.*, p. 170, pl. 109, fig. 2-7.

Filicites Reglei. BRONG. Ann. Sc. nat., 1re série, t. IV, p. 421, pl. 19, fig. 2.

Pecopteris Reglei, BRONG. Hist. des Vég. fossiles, t. I, p. 365, pl. 130, fig. 2.

Otozamites Reglei, SCHIMPER. Traité de Paléont. végétale, t. II, p. 172.

Ajouter à la liste :

**Sphenozamites Brongniarti**, SAPORTA, CRIÉ. Rech. sur la Végét. de l'Ouest de la France, p. 4.

**Cycadites Saportana**, CRIÉ. Ajouter : Les Anciens Climats, etc., p. 15, 1879.

**Bolbopodium mamertinum**, CRIÉ. — Ajouter : Les Anciens Climats, etc., p. 15, 1879.

Dans une note récente : Contributions à l'étude de la Flore oolithique de l'Ouest de la France. (*Compt. Rend. Acad. Sc.*), t. CI, p. 83-86, séance du 6 juillet 1885. M. Louis CRIÉ décrit de l'oolithe de Mamers les végétaux suivants dont les deux premiers étaient jusqu'alors des espèces nominales :

**Otozamites mamertinus**, CRIÉ, p. 84.

**Zamites mamertinus**, CRIÉ, p. 84.

**Guillieria sarthacensis**, CRIÉ, p. 85. Type d'un nouveau genre créé pour une empreinte de tige bulbifère ou plutôt de bulbille de Cycadée.

L'auteur signale en outre la présence des genres **Sphenozamites** et **Cylindropodium**.

Liste des fossiles des marnes et calcaires à Terebratula cardium, p. 138.

**Terebratulina (Disculina) hemisphærica**, SOWERBY sp. Min. Conch., t. VI, p. 69, pl. 536, fig. 1. Ajouter : DESLONGCHAMPS. Pal. franç., t. VI. Brach. jur. no 73, p. 383, pl. 110.

Conlie (Sarthe). Luc (Calvados).

**Terebratula (Zeilleria) digona**, SOWERBY. Ajouter : DESLONGCHAMPS. Pal. franç., t. VI, no 80, p. 430, pl. 121, 122 et 123, fig. 1-7.

**Terebratula (Eudesia) cardium,** Lamk. Ajouter : Deslongchamps. Pal. franç., t. VI, n° 74, p. 388, pl. 6, fig. 4, pl. 111-114.

**Terebratula (Dictyothyris) coarctata,** Park. Ajouter : Deslongchamps. Pal. fr., t. VI, n° 77, p. 411, pl. 6, fig. 7 et 9, pl. 117 et 118.

**Terebratula Phillipsii.** Morris in Davidson. Ajouter : Deslongchamps. Pal. fr., t. VI, n° 50, p. 252, pl. 67-72 et pl. 73, fig. 1.

**Terebratula maxillata,** Sowerby. Ajouter : Deslongchamps. Pal. fr., id., n° 68, pl. 102-106.

**Stomechinus serratus,** Desor. Ajouter : Cotteau. Pal. franç., t. X. Ech. rég., n° 476, p. 711, pl. 456, fig. 3, 9, et pl. 457.

**Stomechinus Michelini,** Cotteau. Ajouter : Pal. franç., t. X, n° 478, p. 719, pl. 460, 1884.

Liste des fossiles du calcaire à Montlivaultia Sarthacensis, p. 144, de la *Géologie de la Sarthe*.

**Ammonites aspidoides,** Oppel. Die Juraformation, p. 474, 1857. *Id.* Palæontologische Mittheilungen, p. 147, pl. 47, fig. 4 a-b, 1862.

Amm. fallax, Guéranger. 1865. Études sur l'Ammonites discus, Sowerby. (Annales de la Soc. Linn. de Maine-et-Loire, t. VII, p. 187, pl. 2, fig. 3-4 (tirage à part, p. 5). Domfront, Conlie.

**Alaria Lorierei,** d'Orbigny sp. Piette. Pal. fr., t. III, p. 32. Ajouter : pl. 2, fig. 12-14, pl. 3, fig. 11-14; pl. 4, fig. 1-3; pl. 6, fig. 2-7, 1864.

**Alaria Viquesneli,** d'Orbigny sp. Piette. Pal. fr., t. III, p. 65. Ajouter : pl. 4, fig. 6; pl. 12, fig. 11-14; pl. 16, fig. 9-11, 1864.

Pendant la publication de la *Géologie de la Sarthe*, la Société géologique de France a publié un mémoire de M. Cossmann intitulé : *Contribution à l'étude de la Faune de l'étage Bathonien en France. — Gastropodes.* (*Mém. Soc. géol. France, 3e série, t. III*, juin 1885.)

L'auteur cite de la Sarthe les espèces suivantes qui lui ont été communiquées par MM. Guéranger et Guillier :

**Acteon Lorierei,** Hébert et Deslongchamps. Mémoire sur les foss. de Montreuil-Bellay. 1860, p. 77, pl. 7, fig. 10 a-b. Cossmann, p. 30, pl. 4, fig. 45-46 et pl. 5, fig. 55. Domfront.

**Acteon Sarthacense** d'Orbigny sp. Cossmann, p. 31.

Acteonina Sarthacensis, d'Orbigny, prodr. I, p. 264, et Pal. fr., p. 167, pl. 286, fig. 1 et 2. Hyéré.

**Acteonina ? Davousti,** d'Orbigny. Pal. franç. Terr. Jur., t. II, p. 169, pl. 286, fig. 5-6. Cossmann, l. c., p. 40. Hyéré, Sarthe.

**Acteonina Lorierei,** d'Orbigny. Pal. fr. Terr. Jur., t. II, p. 168, pl. 286, fig. 3, 4. Cossmann, l. c., p. 42, pl. 10, fig. 7. Domfront, Hyéré.

**Cerithium Rumignyense,** Piette. *B. S. G. F.*, t. XIV, p. 548, pl. 5, fig. 7, 1857.

Cossmann, p. 96, pl. 10, fig. 9.

**Cerithium ? Paumardi,** Davoust. 1856. Quels sont, etc. Bull. Soc. Agric. Sc. et Arts, Sarthe, t. XI, p. 467 (tir. à part, p. 5).

Cossmann, p. 99. Hyéré.

**Cerithium semiobliteratum,** Cossmann. 1885, p. 102, pl. 5, fig. 30 et pl. 15, fig. 4. Domfront.

**Pseudocerithium Jason,** d'Orbigny sp. (Chelot 1886.)

Pseudocerithium densestriatum, Cossmann. 1885, p. 125, pl. 10, fig. 10-11. Domfront.

Cerithium Jason, d'Orbigny. Prodrome. Étage cénomanien (par erreur). Et. 20, n° 213, t. II, p. 156, 1850.

Grâce à l'obligeance de M. le docteur Fischer, nous avons pu nous assurer, d'après l'examen du type de la collection d'Orbigny déposée au Muséum, que le Cerithium Jason a été cité par erreur dans le Prodrome comme trouvé dans le Cénomanien du Mans; il provient en réalité du Bathonien supérieur de Conlie et de Domfront; c'est l'espèce nommée récemment par M. Cossmann Pseudocerithium densestriatum; aussi croyons-nous devoir rétablir pour cette espèce le nom le plus ancien.

**Purpurina crispata,** Cossmann. 1885, p. 127, pl. 5, fig. 57 et pl. 15, fig. 21 et 37. Saint-Benoît-sur-Sarthe.

**Purpurina pulchella,** d'Orbigny. Prodr., t. I, p. 270.
Cossmann, p. 129, pl. 10, fig. 13-15, 1885. Domfront, Conlie, la Jaunelière.

**Ampullina Pelea,** d'Orbigny sp. Natica pelea d'Orb. Pal. fr. Terr. jur., t. II, p. 193, pl. 290, fig. 1, 2.
Cossmann, p. 136, pl. 10, fig. 1. Saint-Benoît-sur-Sarthe.

**Ampullina Stricklandi** Morris et Lycett sp. Cossmann, p. 140, pl. 2, fig. 16-17 et pl. 3, fig. 19.
Natica Stricklandi. Morris et Lycett. Moll. gr. oolith. I, p. 42, pl. 11, fig. 24.
Natica Ranvillensis, d'Orbigny. Prodrome, I, p. 299. Pal. fr. Terr. jur., t. II, p. 193, pl. 290, fig. 3-4. Saint-Benoît-sur-Sarthe.

**Ampullina Pictaviensis,** d'Orbigny sp. Cossmann, p. 142.
Natica pictaviensis, d'Orbigny. Prodr., I, p. 264. Pal. franç. Terr. jur., t. II, p. 191, pl. 289, fig. 8-10. Domfront, Hyéré.

**Ampullina Lorierei,** d'Orbigny sp. Cossmann, p. 144, pl. 16, fig. 36, 37.
Natica Lorieri, d'Orbigny. Prodr., t. I, p. 264. Pal. fr., p. 190, pl. 299, fig. 6-7. Hyéré.

**Naricopsina Gueranger**i, Davoust sp. (Chelot, 1886.)
Neritopsis Guerangeri. Davoust. Quels sont, etc. Bull. Soc. Agric. Sc. et Arts, Sarthe, t. XI, p. 466, 1856.
Lobostoma Guerangeri, Cossmann. 1885, p. 148, pl. 15, fig. 30-31. Domfront-en-Champagne.

M. Cossmann, dans son mémoire déjà cité, prend cette espèce pour type d'un nouveau genre, sous le nom de Lobostoma, rappelant par son étymologie un des caractères principaux de cette coupe générique : « le bord columellaire de la coquille formant une lame réfléchie au dehors comme le lobe inférieur du bout d'une oreille ; » ce genre comprend un petit groupe naturel de coquilles que l'auteur est d'avis de placer entre les Natica et les Neritopsis.

Malheureusement le nom de Lobostoma ne peut être conservé, car il existe déjà dans la nomenclature zoologique :

1° Un genre **Lobostome,** De Blainville. Appendice à la trad. franç. de Bremser. Traité zool. et physiol. sur les vers intestinaux de l'homme, p. 518. Paris, 1824, type Distoma laureatum. Rudolphi. Id. Bremser, édition de 1837, p. 66, pl. 15, fig. 13.

2° Un genre **Lobostoma,** Gundlach. Beschreibung von vier auf Cuba gefangenen Fledermausen. (Archiv für Naturgeschichte von Dr Wiegmann. Jahrgang VI, Band I, p. 356, 1840.) Cheiroptères.

3° Un genre **Lobostoma,** Amyot et Audinet-Serville. Histoire naturelle des Insectes (Hémiptères), suites à Buffon. Paris, 1843, p. 87.

Type : Cydnus giganteus. Burmeister. Handbuch der Entomologie, t. II. Berlin, 1835.

En conséquence nous proposons d'attribuer à cette coupe générique le nom de **Naricopsina**.

Ce genre ne paraît pas différer notablement des véritables Narica dont on connaît aujourd'hui des espèces appartenant au jurassique inférieur. (Zittel. Handbuch der Palæontologie. Vol. I, 1882, p. 219.)

**Pseudomelania Sarthacensis,** D'ORBIGNY sp. COSSMANN, p. 174.
Chemnitzia Sarthacensis, D'ORBIGNY. Pal. fr. Terr. jur. II, p. 46, pl. 240, fig. 4-6. Hyéré.
**Climacina ? lombricalis,** D'ORBIGNY sp. COSSMANN, p. 183.
Chemnitzia lombricalis, D'ORBIGNY. Pal. franç. Terr. jur., t. II, p. 47, pl. 240, fig. 7, 8. Hyéré.
**Mathilda Janeti,** COSSMANN. 1885, p. 221, pl. 6, fig. 55-56 et pl. 14, fig. 18-21. Domfront.
**Mathilda ? Domfrontiana,** CHELOT n. sp. 1886.
Mathildia binaria, COSSMANN, p. 224, pl. 13, fig. 28, 1885.
Non Turritella binaria, HÉBERT et DESLONGCHAMPS. Foss. de Montreuil-Bellay, p. 47, pl. 6, fig. 7, 1860. Domfront.

L'espèce du Bathonien supérieur de Domfront ne peut être réunie, comme l'a fait M. Cossmann, au Turritella binaria, Héb. et Desl. Elle se distingue de cette dernière espèce par l'inégalité plus grande entre les 2 carènes qui ornent chaque tour de spire. Sur les échantillons de Domfront, la carène antérieure est beaucoup moins marquée, les cordonnets spiraux situés entre la carène postérieure et la suture sont plus visibles que dans l'espèce de Montreuil-Bellay, enfin les carènes sont plus nombreuses sur le dernier tour.

**Mathilda atava,** COSSMANN. 1885, p. 225, pl. 15, fig. 33. Domfront.
On peut douter que cette espèce et les précédentes appartiennent au genre Mathilda.

**Amberleya Bathis,** D'ORBIGNY sp. COSSMANN, p. 244, pl. 6, fig. 1 et 47-49 ; pl. 11, fig. 36.
Turbo Bathis, D'ORBIGNY. Prodr., I, p. 266.
Purpurina Bathis, D'ORBIGNY. Pal. fr. Terr. jur., II, pl. 330, fig. 6-8. Saint-Benoît-sur-Sarthe.
**Turbo Davousti,** D'ORBIGNY. Prodrome, I, p. 266.
*Id.* Pal. franç. Terr. jur. II, p. 344, pl. 331, fig. 7-10. COSSMANN, p. 259, pl. 7, fig. 37-38. Hyéré, Domfront, Conlie.
**Monodonta Belus,** D'ORBIGNY sp. COSSMANN, p. 272, pl. 15, fig. 52-53.
Turbo Belus, D'ORBIGNY. Prodr., I, p. 266.
*Id.* Pal. franç. Terr. jur. II, p. 343, pl. 331, fig. 4-6. Domfront, Conlie.
**Ataphrus Halesus,** D'ORBIGNY sp. COSSMANN, p. 283, pl. 7, fig. 11-14 et pl. 10, fig. 21.
Trochus Halesus, D'ORBIGNY. Prodr., I, p. 333.
Pal. fr. Terr. jur., t. II, p. 291, pl. 318, fig. 1-4.
Trochus Helius, D'ORBIGNY. Prodr., I, p. 354.
*Id.* Pal. fr. Terr. jur. II, p. 292, pl. 318, fig. 5-8. Domfront, Conlie.
**Trochus (Zizyphinus) Acanthus,** D'ORBIGNY. Prodr., I, p. 264.
Pal. fr. Terr. jur., II, p. 273, pl. 312, fig. 9-12.
COSSMANN, p. 286, pl. 10, fig. 27-28.
**Trochus (Zizyphinus) Hyereensis,** COSSMANN. 1885, p. 290, pl. 15, fig. 34. Hyéré.

**Trochus (Zizyphinus) Guillieri,** Cossmann. 1885, p. 293, pl. 10, fig. 16 et pl. 13, fig. 36. Domfront, Conlie.

**Trochus (Zizyphinus) Sauvagei,** Cossmann. 1885, p. 294, pl. 6, fig. 3, pl. 13, fig. 32 et pl. 15. fig. 35-36. Domfront.

**Trochus (Zizyphinus) Actæa,** d'Orbigny. Prodr., I, p. 265.
Pal. franç. Terr. jur., II, p. 274, pl. 313, fig. 1-4.
Cossmann, p. 296, pl. 10, fig. 22-24. Domfront.

**Trochus (Zizyphinus) Duryanus,** d'Orbigny. Pal. fr. Terr. jur., II, p. 280, pl. 314, fig. 12-15.
Cossmann, p. 297. Hyéré.

**Trochus (Zizyphinus) Lorierei,** d'Orbigny. Prodr. I, p. 265.
Pal. fr. Terr. jur. II, p. 276, pl. 313, fig. 9-12.
Cossmann, p. 297. Hyéré, Conlie.

**Trochus (Zizyphinus) Zetes,** d'Orbigny. Pal. fr. Terr. jur., II, p. 281, pl. 315, fig. 1-4.
Cossmann, p. 298, pl. 10, fig. 25-26. Hyéré.

**Trochus (Zizyphinus) Davousti,** d'Orbigny. Pal. fr. Terr. jur., II, p. 279, pl. 304, fig. 8-11.
Cossmann, p. 300, pl. 15, fig. 38. Hyéré, Domfront.

**Pleurotomaria strobilus,** Deslongchamps. Mém. Soc. Linn. Norm., 1848, t. VIII, p. 116, pl. 11, fig. 3.
D'Orbigny. Prodr., I, p. 301. *Id.* Pal. fr. Terr. jur., II, p. 516, pl. 401.
Cossmann, p. 314.
Pleurotomaria Lorierei, d'Orbigny. Prodr., I, p. 268. Domfront, Conlie.

**Pleurotomaria Luciensis,** d'Orbigny. Prodr., I, p. 301.
Pal. franç. Terr. jur., II, p. 518, pl. 402.
Cossmann, p. 315, pl. 8, fig. 24. Domfront.

**Pleurotomaria Bessina,** d'Orbigny. Pal. fr. Terr. jur., t. II, p. 460, pl. 376.
Cossmann. p. 315. Domfront.

**Pleurotomaria blandina,** d'Orbigny, Prodr., I, p. 301. Pal. fr. Terr. jur. II, p. 520, pl. 404, fig. 1-6.
Cossmann, p. 316. Domfront.

**Pleurotomaria Lycetti,** d'Orbigny. Pal. fr. Cont. par Cotteau. Terr. jur., t. II, p. 528.
Cossmann, p. 318, pl. 8, fig. 27. Domfront, Saint-Benoît-sur-Sarthe.

**Pleurotomaria normaniana,** d'Orbigny. Prodr., I, p. 302.
Pal. fr. Terr. jur., II, p. 535, pl. 409, fig. 1-3.
Cossmann, p. 319, pl. 8, fig. 25-26. Domfront.

**Pleurotomaria Richeri,** Davoust. 1856. Quels sont, etc. Bull. Soc. Agric. Sc. et Arts, Sarthe, t. XI, p. 467.
Cossmann, p. 322, Hyéré.

**Pleurotomaria (Leptomaria) Brevillei,** Deslongchamps. Mém. Soc. Linn. Norm., t. VIII, p. 142, pl. 13, fig. 9, 1848.
D'Orbigny. Pal. fr. Terr. jur., II, p. 532, pl. 408, fig. 1-3.
Leptomaria Brevillei, Cossmann, p. 329. Domfront, Saint-Benoît-sur-Sarthe.

**Pleurotomaria (Leptomaria) Domfrontiana,** Chelot n. sp. 1886.
Leptomaria callomphala. Héb. et Desl. sec. Cossmann, p. 330, pl. 8, fig. 31-32.
Non Pleurotomaria callomphala, Hébert et Desl. Mém. sur les foss. de Montreuil-Bellay, p. 76, pl. 4, fig. 4, a-g, 1860. Domfront.

En comparant les échantillons du Bathonien supérieur de Domfront et ceux du Callovien de Montreuil-Bellay, on reconnaît bien vite trop de différences constantes pour justifier l'assimilation proposée par M. Cossmann.

Le Pleurotomaria Domfrontiana diffère du Pl. callomphala par sa spire moins élevée, son ombilic plus large, coupé moins carrément, la bandelette du sinus située plus près de la suture, enfin par l'ornementation des tours.

Chaque tour de spire, dans les échantillons de Domfront, est divisé en deux parties : l'une convexe, comprise entre la bandelette et la suture, l'autre surmontant la bandelette, à courbure beaucoup moins forte, déprimée; cette dépression, comme l'a bien fait remarquer M. Cossmann, produit l'apparence, au simple examen superficiel, d'un large canal accompagnant la suture ; ce caractère important n'existe pas dans le Pleurotomaria callomphala.

Enfin, dans l'espèce de Domfront, les plis rayonnants sont plus nombreux, mais beaucoup moins saillants, et s'atténuent sur le dernier et l'avant-dernier tour ; l'ornementation consiste en un élégant treillis à mailles sensiblement régulières formé par l'entrecroisement des stries rayonnantes et longitudinales, plus fines et plus serrées que dans l'espèce de Montreuil-Bellay.

**Solarium abruptum**, Cossmann. 1885, p. 337, pl. 15, fig. 39-41. Domfront.
**Solarium pulchellum**, d'Orbigny sp. Cossmann, p. 339, pl. 6, fig. 14-16.
Straparollus pulchellus, d'Orbigny. Prodr., I, p. 265. Pal. franç. Terr. jur., II, p. 312, pl. 323, fig. 1-4. Conlie (La Jaunelière).
**Puncturella acuta**, Deslongchamps sp. Cossmann, p. 344, pl. 6, fig. 25-27.
Fissurella acuta, Desl. Mém. Soc. Linn. Norm., t. VII, p. 122, pl. 7, fig. 22-24, 1842.
Rimula acuta, d'Orbigny. Prodr., I, p. 303. Hyéré.
**Marbodæia clypeola**, Deslongchamps sp. (Chelot, 1886.)
Patella clypeola, Desl. Mém. Soc. Linn. Norm., t. VII, p. 117, pl. 7, fig. 12-13, 1842.
Helcion clypeola, d'Orbigny. Prodr., I, p. 303.
Guerangeria clypeola, Cossmann, p. 357, pl. 12, fig. 13, 14, 1885. Hyéré (Sarthe).

Si l'on veut faire de cette espèce le type d'une nouvelle coupe générique, bien que ses caractères internes ne soient pas connus et que ses caractères externes ne soient peut-être pas suffisants pour la séparer du genre Patella, on ne peut accepter le nom générique proposé par M. Cossmann, car il existe déjà dans l'embranchement des mollusques un genre Guerangeria dédié à M. Guéranger par M. Œhlert en 1881 : « Description d'un nouveau genre de Lamellibranches du terrain dévonien inférieur. » (Guerangeria Davousti.) Bull. Soc. d'Études Scient. d'Angers. Année 1880, p. 225; nous proposons de lui substituer le nom de **Marbodæia** (1).

**Dentalium entaloides**, Deslongchamps. Mém. Soc. Linn. Norm., t. VII, p. 128, pl. 7, fig. 36-28.
D'Orbigny. Prodr., I, p. 272.
Cossmann, p. 359, pl. 6, fig. 34 et pl. 15, fig. 32. Domfront.

Ajouter à la liste des fossiles du calcaire à Montlivaultia Sarthacensis, p. 150.
**Plicatula incrassata**, Eudes-Deslongchamps. Essai sur les plicatules fossiles des terrains du Calvados, p. 68, pl. 13, fig. 10-13. (Mém. Soc. Linn. Norm., t. XI, 1858.) Hyéré.

(1) Étymologie. Marbodée, ancien auteur du Maine.
Marbodæi, Galli cenomanensis. De gemmarum lapidumque pretiosorum formis, naturis atque viribus, etc. Cum scholiis Alardi Aemstelredami et Pictorii Villingii. Coloniæ, 1539.

**Plicatula collinula,** EUDES-DESLONGCHAMPS. *Id.*, p. 70, pl. 13, fig. 21, 22. Ruillé-en-Champagne.

**Plicatula apheles,** EUDES-DESLONGCHAMPS. *Id.*, p. 70, pl. 13, fig. 25, 26.

**Plicatula aulacophora,** EUDES-DESLONGCHAMPS. *Id.*, p. 71, pl. 13, fig. 23, 24. Domfront.

**Plicatula catinus,** EUDES-DESLONGCHAMPS. *Id.*, p. 95, pl. 16, fig. 1-9. Domfront.

**Plicatula pectinula,** EUDES-DESLONGCHAMPS. *Id.*, p. 111, pl. 7, fig. 35-44.

An Plicatula ampla? D'ORBIGNY. Prodr., t. I, p. 285. Étage 10, n° 429. Conlie, Domfront.

**Terebratula (Dictyothyris) coarctata,** PARKINSON. Ajouter : DESLONGCHAMPS. Pal. fr., t. VI. Brach. jur., n° 77, p. 411, pl. 6, fig. 7 et 9 et pl. 117 et 118.

**Terebratura (Eudesia) flabellum,** DEFRANCE. Ajouter : DESLONGCHAMPS. Pal. franç. *Id.*, n° 75, p. 401, pl. 115.

**Terebratula sphæroidalis,** SOWERBY. Ajouter : DESLONGCHAMPS. Pal. fr. *Id.*, n° 53, p. 276, pl. 6, fig. 9 et pl. 79-81 et 82, fig. 1, 2.

**Terebratula Phillipsii,** MORRIS in DAVIDSON. Ajouter : DESLONGCHAMPS. Pal. fr. *Id.*, n° 50, p. 252, pl. 67-72 et pl. 73, fig. 1.

Remplacer le nom de Terebratula Garantiana, D'ORBIGNY, par celui de **Terebratula submaxillata,** DAVIDSON, DESLONGCHAMPS. Pal. fr., n° 52, p. 270, pl. 77 et pl. 28.

Ajouter à la liste :

**Terebratula (Eudesia) Niedzwiedskii,** SZAJNOCHA. Die Brachiopoden-Fauna der Oolite von Balin, p. 23, pl. 5, fig. 12-13, 1879.

DESLONGCHAMPS. Pal. fr. Brach. jur., n° 76, p. 407, pl. 116, fig. 3, 4.

Conlie (La Jaunelière). Grande oolithe de Balin et de la Nièvre.

Ajouter : **Pedina Gervillei** (DESM.), AG. COTTEAU. Pal. fr. Terrain jur. Ech. rég., t. X, n° 456, p. 613. Conlie.

**Hemicidaris Sarthacensis,** COTTEAU. Pal. fr., etc. Ajouter n° 278 :

**Montlivaultia infundibulum,** D'ORBIGNY. Ajouter : DE FROMENTEL et FERRY. Pal. fr. Terr. jur. Zoophytes, p. 218. Ajouter : pl. 38, fig. 2, 2 a-c.

**Montlivaultia Pictaviensis,** D'ORBIGNY, DE FROMENTEL et FERRY. L. c., p. 216. Ajouter : pl. 29, fig. 4, et pl. 30, fig. 4.

**Montlivaultia Sarthacensis,** D'ORBIGNY sp. DE FROMENTEL et FERRY. L. c., p. 172, pl. 48, fig. 2, 2 a-f.

**Montlivaultia caryophyllata,** LAMOUROUX. Exp. méth. des genres de polypiers, p. 78, pl. 79, fig. 8-10, 1821. DE FROMENTEL et FERRY, l. c., p. 200, pl. 52, fig. 2, 2 a-e.

Ajouter à la liste des fossiles des argiles et calcaires à Ammonites Macrocephalus, p. 159.

**Plicatula paropsis,** EUDES-DESLONGCHAMPS. Essai sur les Plicatules fossiles des terrains du Calvados, p. 97, pl. 26, fig. 21, 22. (Mém. Soc. Linn. Norm., t. XI, 1858.) Le Chevain, près Alençon.

**Plicatula cotyloides,** EUDES-DESLONGCHAMPS. *Id.*, p. 96, pl. 16, fig. 14-20.

Cette espèce doit être considérée comme synonyme de Plicatula peregrina, D'ORBIGNY.

**Terebratula (Zeilleria) obovata,** SOWERBY. Ajouter : DESLONGCHAMPS. Pal. fr., t. VI. Brach. jur., n° 83, p. 447, pl. 125 et 126.

Remplacer le nom de Rhynchonella Fischeri ROUILLIER, sec. DESLONGCHAMPS, par celui de **Rhynchonella Orbignyana,** OPPEL. Die Juraformation, p. 577, 1857.

**Stomechinus serratus,** DESOR. — Ajouter : COTTEAU. Pal. fr. Terr. jur., t. X. Ech. rég., n° 476, p. 711.

Liste des fossiles du banc de Pescheseul, p. 162.

**Ammonites aspidoides,** OPPEL. Ajouter : Die Juraformation, p. 474, 1857.

*Id.* Palæontologische Mittheilungen, p. 147, pl. 47, fig. 4 a-b, 1862.

Ammonites fallax, GUÉRANGER, 1865. Études sur l'Ammonites discus, Sow. (Annales de la Soc. Linn. de

Maine-et-Loire. Année 1864, t. VII, p. 187, pl. 2, fig. 3-4 (tir. à part, p. 5). Saint-Pierre-des-Bois, Avoise, Parcé, Noyen, Saint-Benoît.

Ajouter à la liste :

**Ammonites subdiscus**, D'ORBIGNY. Prod. Étage 11, n° 9.

GUÉRANGER, l. c. Ann. Soc. Linn. Maine-et-Loire, p. 188, 1864. Saint-Benoît-sur-Sarthe.

Remplacer le nom de Lima gibbosa, SOWERBY, par celui de **Lima helvetica**, OPPEL. Die Juraformation, p. 489, 1857.

Lima gibbosa, GOLDF. Petr. Germ., pl. 102, fig. 10 (non Sow.).

C'est la forme de Lima gibbosa spéciale au Bathonien supérieur et au Cornbrash.

**Terebratula sphæroidalis**. Ajouter : DESLONGCHAMPS. Pal. fr., t. VI. Brach. jur., n° 53, p. 276, pl. 6, fig. 9 et pl. 79-81 et 82, fig. 1, 2.

**Terebratula Phillipsii**, DAVIDSON. Ajouter : DESLONGCHAMPS. Pal. fr., *id.*, n° 50, p. 252.

DESLONGCHAMPS fait rentrer dans la synonymie de cette espèce très variable Terebratula Leufroyi, GUÉRANGER. Répert., p. 25, 1853. DESLONGCHAMPS, l. c., pl. 23, fig. 1.

**Stomechinus serratus**, AG. DESOR. Ajouter : COTTEAU. Pal. fr., l. c., t. X, n° 476, p. 711.

**Pedina Davousti**, COTTEAU. Ajouter : Pal. fr. Terr. jur. Ech. reg., t. X, n° 453, p. 636.

Liste des fossiles du calcaire ferrugineux à Ammonites coronatus, p. 167.

Remplacer le nom de Nautilus hexagonus, D'ORB. (non Sow.) par celui de **Nautilus Calloviensis**, OPPEL. Die Juraformation, p. 547, 1857.

**Nautilus Julii**, BAUGIER. Ajouter : GUÉRANGER. Étude sur l'Ammonites discus Sow., suivie de la description du Nautilus Julii, BAUGIER. (Ann. Soc. Linn. Maine-et-Loire, t. VIII, p. 188, pl. 3, fig. 1-4), 1864.

Ajouter à la liste : **Ammonites Rehmanni**, OPPEL. Die Juraformation, p. 551, 1857. Sarthe.

Remplacer le nom de Ammonites lunula, d'ORBIGNY, par celui de :

**Ammonites punctatus**, STAHL. 1824, Württemb. landw. Correspondenz-Blatt. 6 bd., p. 48, fig. 8, OPPEL. Die Juraformation, p. 553.

**Ammonites Comptoni**, PRATT. 1841. Ann. and Mag. of Nat. Hist., vol. VIII, pl. 4, fig. 1.

OPPEL. Die Juraformation, p. 555. Mamers.

**Ammonites curvicosta**, OPPEL. Die Juraformation, p. 555, 1857.

Amm. convolutus parabolis QUENSTEDT. Cephal., pl. 13, fig. 2. Mamers.

**Trigonia elongata**, SOWERBY. Ajouter : Trigonia cardissa. AGASSIZ. 1841. Trigonies, pl. 11, fig. 4-7.

Ajouter à la liste :

**Isocardia Bachelieri**, DESHAYES. Descr. d'une nouv. espèce d'Isocarde fossile des terr. second. de la Sarthe. Journ. de Conch., 2e série, t. IV (vol. VIII), p. 327-328, 1860. Montbizot, Degré (les Châtaigniers). Sainte-Scolasse (Orne).

**Plicatula peregrina**, D'ORBIGNY. Ajouter : EUDES-DESLONGCHAMPS. Essai sur les Plic. fossiles, pl. 16, fig. 26-30.

Plicatula cotyloïdes. EUDES-DESLONGCHAMPS. *Id.*, pl. 16, fig. 14-20.

**Terebratula dorsoplicata**, SUESS. — Ajouter : DESLONGCHAMPS. Notes sur les Brachiopodes de Montreuil-Bellay. Bull. Soc. Linn. Norm., t. I, p. 97, 1856.

**Terebratula Trigeri**, DESL. Ajouter : DESLONGCHAMPS, in Perrier. Note sur le Kelloway-rock et le Cornbrash des environs d'Argentan. (Bull. Soc. Linn. Norm., t. I, p, 82, 1856.)

DESLONGCHAMPS. Note sur les Brach. de Montreuil-Bellay, *id.*, p. 97 et p. 98, 1856.

Remplacer le nom de Rhynchonella Fischeri, ROUILLIER, par celui de **Rhynchonella Orbignyana**, OPPEL. Die Juraformation, p. 577, 1857.

La Rhynchonella Fischeri, citée de Montbizot par DESLONGCHAMPS, diffère de l'espèce de Russie.

**Stomechinus pyramidatus**, COTTEAU. Ajouter : Pal. fr., t. X, n° 480, p. 725.

**Stomechinus calloviensis**, COTTEAU. Ajouter : Pal. fr., n° 482, p. 731.
Ajouter à la liste :
**Stomechinus Michelini**, COTTEAU. Pal. fr., n° 478, p. 719, pl. 460. Marolles-les-Braults.
**Polycyphus textilis**, AG. Ajouter : COTTEAU. Pal. fr., n° 493, p. 783.
Ajouter à la liste :
**Pedina sublævis**, AG. COTTEAU. Pal. fr. Terr. jur. Ech. reg., t. X, n° 457, p. 646. Chauffour.
**Montlivaultia regularis**, D'ORBIGNY, DE FROMENTEL et FERRY. Pal. fr. Terr. jur. Zoophytes, p. 164. Ajouter : pl. 47, fig. 2, 2a. Étage oxfordien.
Ajouter à la liste des fossiles des argiles et calcaires d'Aubigné.
**Pseudiodadema priscum**, AG. COTTEAU. Pal. fr. Terr. jur., t. X. Ech. rég., n° 343, p. 270, pl. 334, fig. 10-14, *id.*, pl. 335. Aubigné.
Remplacer le nom de Millericrinus ornatus, D'ORBIGNY, par celui de **Millericrinus horridus**, D'ORBIGNY, d'après DE LORIOL. Pal. fr., t. XI. Crinoïdes jurassiques, p. 413.

OPPEL. Ueber die Zone des Ammonites transversarius. 1866. (BENECKE. Geognostich-palæontologische Beitræge. Band I. Heft II.)

Consacre quelques pages (p. 60-63. — 764-260 du Recueil) à l'étude de la zone à Ammonites transversarius d'Aubigné. La présence d'Ammonites caractéristiques : Amm. canaliculatus, A. transversarius, A. Martelli, lui permit d'assimiler les calcaires d'Aubigné aux couches à spongiaires de la tranchée des grosses terres près Niort et de la Côte-d'Or, aux calcaires à transversarius du Jura et des environs de Birmensdorf en Argovie.

D'après l'étude de la faune, Oppel admet dans l'assise à A transversarius, 4 facies principaux :

1° Le facies à spongiaires (Spongitien-facies).

2° Le facies à céphalopodes (Cephalopoden-facies).

3° Le facies corallien (Corallen-facies).

4° Le facies à Pholadomyes (Myaciten-facies).

La faune des calcaires d'Aubigné représente le Myaciten-facies comme les dépôts contemporains de Salins (Jura) et des cantons de Berne et de Soleure (Suisse).

Dans son tableau, Oppel place les calcaires oolithiques d'Écommoy au-dessus des calcaires d'Aubigné, considérant les premiers comme un facies-corallien de la zone à Amm. bimammatus. M. Guillier considère les dépôts d'Aubigné et ceux d'Écommoy comme synchroniques; les premiers représentent le facies vaseux de la zone à Transversarius et les seconds le faciès corallien correspondant à la même époque.

Le caractère saillant de la faune des calcaires d'Aubigné est de présenter de nombreux échantillons de l'Ammonites Martelli, quelques Trigonia qui manquent en général partout où domine le facies à spongiaires, de nombreuses Ostrea et enfin une riche faune de Foraminifères étudiés par Schwager.

Voici la liste des fossiles observés par Oppel dans les calcaires oxfordiens d'Aubigné.

CRUSTACÉS

**Cythereis stimula**, SCHWAGER in OPPEL, 1866, p. 72 (276), fig. 1.
**Bairdia fabiformis**, SCHWAGER in OPPEL, p. 72, fig. 2.

### CÉPHALOPODES

**Belemnites hastatus,** BLAINV. OPPEL, p. 73.

**Ammonites canaliculatus,** DE BUCH. Recueil de planches de Pétrifications remarquables, pl. 1, fig. 6-8, 1831. OPPEL, p. 80, 1866.

**Ammonites transversarius,** Quenstedt. Cephalopoden, p. 199, pl. 15, fig. 12, 1847. OPPEL, p. 80.
Amm. Toucasianus, D'ORBIGNY. Pal. fr. Terr. jur., t. I, p. 508, pl. 190.

**Ammonites Martelli,** OPPEL. Palæontologische Mittheilungen, p. 247, 1863. OPPEL, l. c., p. 81, 1866.

### GASTROPODES

**Chemnitzia Heddingtonensis,** SOW. sp. OPPEL, l. c., p. 81, 1866.
Melania heddingtonensis, SOW. Min. Conch., pl. 39, fig. 2.

### LAMELLIBRANCHES

**Pholadomya parcicosta,** AGASSIZ. Myes, pl. 6, fig. 7-8 et pl. 6, b, c, 1842.
OPPEL, l. c., p. 82, 1866.

**Pholadomya læviuscula,** AGASSIZ. Myes, p. 131, pl. 8, fig. 13-15 et pl. 6¹, fig. 8-10.
OPPEL, l. c., p. 82.

**Trigonia** sp. ind. OPPEL, l. c., p. 83.

**Mytilus Villersensis,** OPPEL. Die Juraformation, p. 607, 1857.
*Id.*, l. c., p. 84, 1866.
Mytilus bipartitus, GOLDF. (non Sow.).
Mytilus imbricatus, D'ORBIGNY. Prodr. Étage 13, nº 374 (non Sow.).

**Lima (Ctenostrea) Marcousana,** OPPEL. Ueber die zone des Amm. transv., p. 85, 1866.
Lima substriata Marcou. Rech. géol. sur le Jura Salinois, p. 92. (Mém. Soc. géol. Franc., vol. III.) Non GOLDFUSS.

**Perna** sp. ind. OPPEL, l. c., p. 85.

**Pecten** sp. ind. OPPEL, l. c., p. 85.

**Pecten vimineus,** PHILLIPS. Illustr. of the Geol. of Yorkshire, pl. 129, pl. 4, fig. 10, 1829. OPPEL, l. c., p. 61 et 86.
Pecten octocostatus, ROEMER. Oolith., pl. 3, fig. 18.

**Plicatula** sp. ind. OPPEL, l. c., p. 86.

**Ostrea blandina,** D'ORB. Prodr. Ét. 13, nº 454, 1850.
OPPEL, l. c., p. 86.

**Ostrea grypheata,** SCHLOTHEIM sp. OPPEL, l. c., p. 87.
Ostracites grypheatus. SCHLOTHEIM, p. 235, 1820.
Gryphæa controversa, WAAGEN. Der Jura in Frankreich, p. 153, 1864. (Non ROEMER.)

### BRACHIOPODES

**Terebratula** sp. ind. OPPEL, l. c., p. 61, 1866.

**Megerlea minima,** LANGIUS sp. OPPEL, l. c., p. 89, 1866.
Pectunculus minimus, LANGIUS. Historia lapidum figuratorum Helvetiæ, etc., p. 147, pl. 45, fig. 1, 2, 1708.
Megerlea pectunculus. Auct. Nonn.

**Thecidium cf antiquum,** GOLDF. OPPEL, l. c., p. 90.

**Rhynchonella cf spinulosa,** Oppel, Die Juraformation, p. 608, 1857.
*Id.*, l. c, p. 91, 1866.
Rhynch. senticosa, Etallon. Esq. descr. géol. du Haut Jura, p. 35, 1857.
C'est la Rhynchonella myriacantha, Deslongchamps, citée dans la liste p. 184 du présent ouvrage.

BRYOZOAIRES

**Cellepora orbiculata,** Goldf. Petr. Germ., t. I, p. 28, pl. 12, fig. 2, 1831.
Oppel, l. c., p. 92.
Diastopora orbiculata, d'Orb. Prodr. Étage 14, nº 403.

ÉCHINODERMES

**Pseudodiadema priscum.** Ag. sp.
Diadema priscum, Agassiz. Descr. Echin. foss. Suisse, II, p. 21, pl. 17, fig. 11-13, 1840.
Pseudodiadema priscum. Cotteau et Triger. Ech. de la Sarthe, p. 93, pl. 21, fig. 1-4, 1859.
Oppel, l. c., p. 95.
**Hemicidaris** sp. ind. Oppel, l. c., p. 61, 1866.
**Pedicellaria (Astropecten) Sarthacensis,** Schwager in Oppel, l. c., p. 96, fig. 4, 1866.

FORAMINIFÈRES

**Haplostiche horrida,** Schwager. Beitrag zur Kenntniss der mikroskopischen Fauna jurassischer Schichten, p. 92, pl. 2, fig. 2, 1863. (Württemb.-naturw. Jahreshefte. Jahrgang 21, 1865. Heft I.)
Schwager in Oppel, l. c., p. 61, 1866.
**Cornuspira tenuissima,** Gümbel sp. Schwager in Oppel, l. c. p. 33, 1866. Spirillina tenuissima Gümbel. Die Streitberger Schwammlager und ihre Foraminiferen-Einschlusse p. 214, pl. 4, fig. 12, 1862. (Württ. naturw. Jahresh. Jahrgang 18.)
Cornuspira tenuissima, Schwager. 1863. Beitrag zur Kenntniss., etc. 1865, p. 94.
**Spiriloculina panda,** Schwager. Beitrag zur Kenntniss., etc. 1865, p, 95, pl. 2, fig. 6.
*Id.*, in Oppel, l. c., p. 99, 1866.
**Nodosaria pistilliformis,** Schwager in Oppel, p. 99, fig. 5, 1866.
**Nodosaria prima ?** Terquem. Rech. sur les Foram. du Lias du dép. de la Moselle, p. 29, pl. 1, fig. 6, 1858. (Mém. Acad. Metz.)
Schwager in Oppel, l. c., p. 100, 1866.
**Dentalina Sarthacensis,** Schwager in Oppel, p. 100, fig. 6, 1866.
**Dentalina pilluligera,** Schwager. Beitrag zur Kenntniss, etc., p. 107, pl. 3, fig. 14 et 15, 1863.
*Id.*, in Oppel, l. c., p. 100.
**Vaginulina raduliformis,** Schwager in Oppel, l. c., p. 101, fig. 7, 1866.
**Frondicularia linguliformis,** Schwager. Beitrag, etc., p. 113, pl. 4, fig. 11, 1863.
*Id.*, in Oppel, l. c., p. 101. 1866.
**Marginulina ambigua,** Schwager in Oppel, p. 101, fig. 8, 1866.
**Cristellaria Sarthacensis,** Schwager in Oppel, p. 102, fig. 10, 1866.
**Cristellaria sublenticularis,** Schwager in Oppel, p. 103, fig. 11, 1866.
**Cristellaria suprajurassica,** Schwager. Beitrag, etc., p. 130, pl. 6, fig. 11, 12, 1863.
Schwager in Oppel, l. c., p. 104.
**Polymorphina nitidiuscula,** Schwager in Oppel, l. c., p. 104, fig. 12, 1866.

**Textilaria Trigeri**, SCHWAGER in OPPEL, l. c., p. 104, fig. 13, 1866.
**Textilaria Dumortieri**, SCHWAGER in OPPEL, l. c., p. 105, fig. 14, 1866.
**Rotalia pusilla**, SCHWAGER. Beitrag, etc., p. 141, pl. 7, fig. 20, 1863.
*Id.*, in OPPEL, p. 105, 1866.
**Rotalia tympaniformis**, SCHWAGER in OPPEL, l. c., p. 106, fig. 15, 1866.
Textilaria tympaniformis, *id.* (Liste p. 62.)
**Rosalina parapsis**, SCHWAGER in OPPEL, l. c., p. 106, fig. 16, 1866.

On voit que la liste donnée par Oppel est beaucoup plus complète que la liste publiée en 1853 par M. Guéranger, d'après des échantillons communiqués à d'Orbigny. On pourra facilement dresser la liste complète des fossiles d'Aubigné en ajoutant à la liste ci-dessus les brachiopodes cités p. 184 de la *Géologie de la Sarthe* et déterminés par M. Douvillé, et les Echinides déterminés par M. Cotteau.

Oppel cite en outre (p. 62), dans les argiles de couleur gris-bleuâtre à Rhynchonella myriacantha et Belemnites unicanaliculatus qui surmontent les calcaires à Amm. Martelli et qui représentent pour lui la zone à Impressa des autres contrées, les foraminifères suivants fréquents dans cette zone.

**Haplostiche horrida**, SCHWAGER.
**Cornuspira tenuissima**, GÜMBEL.
**Spiriloculina panda**, SCHWAGER.
**Nodosaria tuberosa**, id.
**Dentalina mutabilis**, id.
— **pilluligera**, id.
— **fusiformis**, id.
— **scorsa**, id.
**Dentalina dolioligera**, SCHWAGER.
— **Quenstedti**, id.
**Marginulina flaccida**, id.
— **resupinata**, id.
**Cristellaria suprajurassica**, id.
— **comptula**, id.
— **pauperata** ? JONES.
**Polymorphina mutabilis**. SCHWAGER.

Ajouter à la liste des fossiles du calcaire oolithique corallien d'Écommoy, p. 189.

**Plicatula lepis**, EUDES-DESLONGCHAMPS. Essai sur les Plicatules fossiles des terrains du Calvados, p. 120, pl. 18, fig. 36-38. (Mém. Soc. Linn. Norm., t. XI, 1858.)

La liste des crinoïdes fossiles d'Écommoy doit être ainsi établie d'après DE LORIOL, Crinoïdes Jurassiques. Paléontologie française, t. XI, 1re partie, 1882-1884.

**Millericrinus Goupilianus**, D'ORBIGNY, DE LORIOL. Pal. fr., t. XI, p. 368, pl. 66, fig. 4, 10; pl. 67, 69, auquel on doit réunir Millericrinus Richardianus, D'ORBIGNY, M. Archiacianus D'ORB. M. Pulchellus D'ORB. M. Bachelieri D'ORB. Ainsi limitée, l'espèce est commune à l'Oxfordien et au Corallien.

**Millericrinus horridus**, D'ORB., DE LORIOL. Pal. fr., t. XI, p. 413, pl. 76, fig. 9-14, pl. 77-80, auquel on doit réunir les Millericrinus ornatus. D'ORB. M. calcar, D'ORB. et M. echinatus D'ORB. (pars). Oxfordien et Corallien.

**Millericrinus Milleri** (SCHLOTHEIM), D'ORB., DE LORIOL. Pal. fr., t. XI, p. 491, pl. 95-97 et 98, fig. 1-2.

**Millericrinus Trigeri**, DE LORIOL. 1884. Pal. fr., t. XI, p. 506, pl. 89, fig. 4.

**Millericrinus Œhlerti**, DE LORIOL. 1884. Pal. fr., t. XI, p. 508, pl. 101, fig. 16.

**Millericrinus Escheri**, DE LORIOL. 1884. Pal. fr. t. XI, p. 511, pl. 103, fig. 16.

Auquel on doit réunir Millericrinus Milleri, D'ORB. M. subechinatus, D'ORB. M. echinatus, D'ORB. (pars), M. tuberculatus, D'ORB., etc. Oxfordien et Corallien.

**Millericrinus Radisensis,** D'ORB., DE LORIOL. Pal. fr., t. XI, p. 530, pl. 103, fig. 6-9; pl. 89, fig. 1-3.

Ajouter à la liste :

**Pseudodiadema aroviense,** THURMANN sp. COTTEAU. Pal. fr., t. X. Ech. rég. 1880-1885, n° 353, p. 303, pl. 344 et 345. Écommoy, Sarthe.

**Pseudodiadema Lamberti,** COTTEAU. Pal. fr., t. X, 1882, p. 348, pl. 358, fig. 7-11.

Ajouter : Pseudodiadema lenticulatum. COTTEAU et TRIGER (non DESOR). Ech. Sarthe, p. 359, pl. 60, fig. 12-16.

**Magnosia nodulosa,** GOLDF. sp. Ajouter : COTTEAU. Pal. fr., t. X, n° 449.

Remplacer le nom de Stomechinus lineatus, DESOR, par celui de **Stomechinus perlatus.** DESM. sp. COTTEAU. Pal. fr., t. X, n° 483, p. 734, pl. 466-469.

Ajouter :

**Stomechinus gyratus** sp. DESOR., COTTEAU. Pal. fr., t. X, n° 484, p. 745, pl. 470 et 471. Écommoy.

# SYSTÈME CRÉTACÉ

## ÉTAGE CÉNOMANIEN

Peu d'étages crétacés ont une faune aussi riche et aussi variée que l'étage cénomanien qui, dans la Sarthe, ne comprend pas moins de 800 espèces d'invertébrés, aussi ne doit-on pas s'étonner que dès longtemps déjà ces couches aient attiré l'attention des chercheurs et des naturalistes.

Dans le court historique qui va suivre, nous ne nous occuperons que de l'embranchement des mollusques proprement dits, laissant de côté les Polypiers, Bryozoaires, Oursins, Crustacés, et Vertébrés, qui ont été aussi l'objet de nombreux travaux.

Maulny, à qui l'on doit d'intéressantes observations sur l'histoire naturelle de la Sarthe, fit connaître, en l'an X, les richesses minérales de la Sarthe, mais se contenta de citer quelques fossiles sans distinction précise d'étage, sous des noms génériques vagues, tels que : Ammonite, Buccinite, Tellinite, etc.

Le premier fossile figuré du cénomanien de la Sarthe est une huître de grande taille, munie de dents aiguës, que Lamarck fit représenter sur la pl. CLXXXVII, fig. 1 et 2, de l'*Encyclopédie méthodique* (*Histoire naturelle des vers, mollusques testacés*, par Bruguière et Lamarck); c'est l'espèce que plus tard, dans son *Histoire des Animaux sans vertèbres*, Lamarck décrit et rapporte à l'Ostrea diluviana de Linné.

Mis en possession d'une collection de fossiles recueillis par Ménard de La Groye, dans les environs du Mans, Lamarck, en 1819, dans le sixième volume de son *Histoire naturelle des Animaux sans vertèbres*, donna une courte diagnose des principales espèces, sans qu'aucune notion stratigraphique vînt s'ajouter à ses descriptions. On lui doit d'avoir fait connaître entre autres : le Pectunculus subconcentricus et le Trigonia sulcataria, si communs à Coulaines;

le Trigonia crenulata, qu'il distingue avec raison du Trigonia scabra ; le Mytilus scapularis de Coulaines, méconnu plus tard par d'Orbigny, qui en fit une espèce nouvelle sous le nom de Mytilus Galliennei, le Pecten asper de La Ferté-Bernard, les Pecten elongatus, orbicularis et subacutus, de Coulaines, puis les Pecten phaseolus, æquicostatus et versicostatus, qui devinrent les types du genre Neithea de Drouet. Lamarck décrit encore les Gryphæa columba, G. plicata ; les Ostrea carinata, O. biauriculata et O. lingularis ; rapporte à l'Ostrea diluviana de Linné, l'huître des carrières de la Butte, figurée dans l'Encyclopédie ; puis nomme la Terebratula Menardi. Quelques autres espèces, décrites d'une façon insuffisante, sont restées douteuses.

Defrance, en 1821, dans le *Dictionnaire des sciences naturelles*, tome XIX, p. 537, décrit une forme nouvelle des environs du Mans sous le nom de Gryphæa cenomana, et cite dans le tome XXII, p. 26, une autre forme sous le nom de Ostrea conglomerata, renvoyant à une figure de Knorr. Ces deux espèces, restées douteuses, ont été plus tard rangées par Coquand dans son étage carentonien. (*Monographie du genre Ostrea*, 1869.)

En 1825, Drouet, correspondant au Mans de la Société linnéenne de Paris, lui communique son « *Mémoire sur un nouveau genre de coquilles de la famille des Arcacées et description d'une nouvelle espèce de Modiole fossile.* » Sous le nom générique de Neithea (Neith, nom d'une divinité des eaux chez les Gaulois), l'auteur décrit et figure trois espèces provenant du *Calcaire glauconique* des environs du Mans : le Neithea pectinoides (pl. VII, fig. 1-2) d'Yvré-l'Évêque, lequel n'est autre que le Pecten æquicostatus de Lamarck ; le Neithea versicostata de Sainte-Croix (pl. VII, fig. 4), qui est le Pecten versicostatus de Lamarck, et sera plus tard désigné sous le nom de Janira quinquecostata par d'Orbigny ; le Neithea lævigata Drouet (pl. VII, fig. 3), des environs de La Flèche, qui est la même espèce que le Pecten phaseolus de Lamarck. Enfin Drouet rapporte au Neithea costangularis (Pecten costangularis, Lk. *An. sans vert.*, VI, p. 182. *Encycl. méth.*, pl. CCXIV, fig. 10 a. b. c., dont le type provient de Decize), un fossile trouvé par lui à Saint-Maixent, près de Mamers, qu'il décrit sans le figurer. Le genre Neithea lui paraît devoir rentrer dans les Arcacées, à cause des petites dents qui garnissent sa charnière, et former le lien entre cette famille et celle des Trigonies. Il décrit ensuite et figure sur la même planche, fig. 5, la Modiola striata, nouvelle espèce des couches crétacées de la Sarthe et de Maine-et-Loire, dont le nom faisant double emploi avec une autre espèce, sera plus tard changé par d'Orbigny en celui de Mytilus Ligeriensis. Remarquons que dans ce travail, Drouet joint aux descriptions de ces fossiles quelques détails sur leurs conditions de gisement et sur les couches qui les renferment, enfin donne une liste de 36 espèces de fossiles des collines des environs du Mans. Cette liste, où l'auteur a confondu plusieurs horizons distincts, n'a plus aujourd'hui qu'un intérêt historique.

Agassiz, dans ses *Etudes critiques sur les Mollusques fossiles. — Mémoire sur les Trigonies*, Neufchâtel, 1840, décrit et figure trois espèces de Trigonies des grès verts du Mans ; après une comparaison minutieuse de la Trigonie rapportée par Lamarck à Trigonia dædalea de Parkinson avec les types anglais de cette dernière, Agassiz fait remarquer qu'elle en est très différente, la décrit à nouveau (p. 27), en donne une assez bonne figure, pl. VI, fig. 7-9, et la désigne sous le nom de Trigonia quadrata. Dans le même ouvrage est décrite, p. 32, et figurée pour la première fois pl. VI, fig. 4-6, la Trigonia crenulata, Lamarck, de la collection Coulon, puis (p. 33), la Trigonia sulcataria de Lamarck (pl. XI, fig. 17), figure au trait, d'ailleurs peu exacte, mais qui suffit à reconnaître l'espèce.

Le premier travail d'ensemble sur la faune cénomanienne de le Sarthe est dû à Alcide d'Orbigny, qui fit connaître dans sa *Paléontologie française*, les riches matériaux mis à sa disposition par M. Guéranger. Le savant naturaliste consacra plus de quinze ans (de 1840 à 1855), à étudier les invertébrés fossiles du terrain crétacé, mais nous ne nous occuperons ici que des mollusques proprement dits; c'est ainsi qu'il décrit les Céphalopodes de 1840 à 1842, les Gastéropodes en 1842, les Acéphales de 1843 à 1847, les Brachiopodes et les Rudistes, de 1847 à 1849. Il décrit et figure près de 500 espèces de fossiles du terrain cénomanien du Mans, qu'il étudie comparativement avec celles de Rouen, d'Angleterre et d'Allemagne. Cet immense travail est le point de départ de toutes les recherches postérieures sur les fossiles cénomaniens de la Sarthe, aucun autre n'a mieux fait ressortir les richesses paléontologiques de notre sol, aussi, par son importance, échappe-t-il à une analyse détaillée.

Quelques années plus tard, en 1850, d'Orbigny, dans le *Prodrome de Paléontologie stratigraphique universelle*, complète l'étude de la faune malacologique cénomanienne, par l'addition de quelques espèces nouvelles au nombre d'environ 27, brièvement décrites, et qu'il réservait pour un Supplément. Les plus intéressantes ont été figurées plus tard par M. Guéranger, ce sont les suivantes : Ammonites cenomanensis, Natica tuberculata, Cerithium Jason, Cerithium Hector, Solecurtus Acteon, S. Pelagi, Trigonia pyrrha, Lucina Nereis. Il y rapporte son Cardium subdinnense au genre Pholadomya, son Pterocera incerta au genre Strombus, puis change quelques noms d'espèces de la Paléontologie française, faisant double emploi avec d'autres déjà employés dans la nomenclature zoologique.

Dans ses *Etudes sur la formation crétacée des versants sud-ouest, nord et nord-ouest du plateau central de la France, 2e partie*, 1846 (*Mém. Soc. géol. de France, tome II, 2e partie*), d'Archiac cite (p. 78), dans les couches à Trigonies de la vallée de Saint-Blaize, avec Ammonites rothomagensis, une ammonite nouvelle qu'il désigne sous le nom de A. cenomanensis, sans la décrire ni la figurer, se bornant à cette simple indication : A. cenomanensis d'Archiac (Musée du Mans). Déjà p. 62, il l'avait citée dans une liste de fossiles du banc à ostracées, entre Dampierre et Saumur, renvoyant à la planche CVIII, fig. 1-2, de la *Paléontologie française*, où cette espèce serait figurée sous le nom de A. Woolgari. Cette espèce de d'Archiac devait donner lieu plus tard à de nombreuses confusions.

Dans son *Histoire des Progrès de la géologie*, tome IV, Formation crétacée, p. 355 et suivantes, 1851, d'Archiac, après avoir présenté une coupe détaillée du plateau dont Le Mans occupe l'extrémité sud-ouest, donne des listes de fossiles assez étendues de la plupart des gisements cénomaniens de la Sarthe, listes d'ailleurs peu exactes aujourd'hui ; remarquons toutefois ses doutes concernant l'identité des échantillons de Trigonia dædalea du Mans avec les types anglais du Devonshire ; il cite encore l'Ammonites cenomanensis, lui donnant pour synonymes (A. Woolgari, d'Orb., Pal. fr., vol. I, pl. CVIII, A. Vielbancii., *id.* Prodr., p. 189, et A. cenomanensis, *id.*, p. 146).

En 1853, sous le titre de *Répertoire paléontologique du département de la Sarthe*, M. Guéranger publie une liste générale des fossiles observés dans le département, d'après les matériaux de sa riche collection. Outre les espèces déjà décrites par Lamarck et d'Orbigny, M. Guéranger donne une courte diagnose, malheureusement non accompagnée de figures, de 64 espèces nouvelles de mollusques provenant de l'étage cénomanien de Sainte-Croix, d'Yvré et de La Trugale. Une de ces espèces devient le type d'un genre nouveau sous le nom d'Apricardia, caractérisé par *une dent très longue, recourbée, se prolongeant au delà du bord de la coquille et rappelant par sa position la dent du sanglier*. Il range le Solarium scalare d'Orb. dans le genre Delphinula, l'Isocardia Guerangeri d'Orb. dans le genre Opis, fait rentrer le Mytilus Gallieunei d'Orb. dans la synonymie du Mytilus scapularis Lamk. et rapporte au genre Pecten les espèces appartenant au genre Neithea de Drouet et rangées par d'Orbigny dans le genre Janira de Schumacher, créé en 1817 pour le Pecten maximus de Linné. Le Caprotina semistriata d'Orb. lui paraît n'être qu'une variété du Caprotina striata, l'usure des stries pouvant expliquer leur absence sur la valve supérieure.

En 1855, l'abbé Davoust, répondant à une question posée par la Société d'agriculture, donne une liste des fossiles qui n'avaient encore été trouvés que dans le département de la Sarthe, et décrit sous le nom de Pyramidella Foucauldi une nouvelle espèce de la zone à Perna lanceolata de La Trugalle. (*Bull. Soc. Agric., Sc. et Arts de la Sarthe, 2° série, t. III (vol. XI), p.* 469, 1856.)

Sæmann, dans sa *Note sur la distribution des Mollusques fossiles dans le terrain crétacé de la Sarthe* (*Bull. Soc. Géol. de France*, 2° série, t. XV, p. 500-524, 1858), où il place les marnes à Ostrea biauriculata avec la craie de Touraine, et fixe au-dessus du Jallais la limite supérieure de l'étage cénomanien, discute incidemment, p. 507, et c'est là le seul point intéressant la paléontologie de la Sarthe, la question si controversée de l'Amm. cenomanensis. Pour lui, les échantillons conservés au Musée du Mans appartiennent bien au grès du Mans et sont des variétés ou des adultes de l'Amm. Rotomagensis. Il est plus probable que la figure de la paléontologie française se rapporte à une espèce turonienne. Dans ce cas il faudrait en conclure que l'Amm. Cenomanensis d'Archiac ne se trouve pas au Mans.

Renevier, en 1858 (*Bull. Soc. géol. de France*, 2° série, t. XVI), étudiant comparativement les dépôts de la Sarthe et ceux de Rouen, cite entre autres fossiles, dans les grès à Trigonies d'Yvré et de La Butte, le Trigonia affinis Miller in Sow., espèce rapportée à tort par d'Orbigny au Trigonia sinuata de Parkinson. Dans les carrières de la Butte, il admet la présence de l'Ammonites rotomagensis avec Scaphites æqualis et convient que les échantillons du Mans sont conformes à ceux de Rouen, il présente ensuite une courte liste de fossiles communs aux dépôts des deux pays parmi lesquels : Ammonites varians, Baculites baculoides, Turrilites costatus, etc., qui lui font synchroniser les couches inférieures des grès du Maine et la craie de Rouen à Amm. Rotomagensis.

En 1860, Pictet et Campiche, *Terrains crétacés de Sainte-Croix* (*Matériaux pour la paléontologie suisse*), discutent longuement les espèces d'Ammonites du groupe des Rotomagensis, mais ne reconnaissent pas le type de l'Ammonites Cenomanensis d'Archiac, à la place duquel ils décrivent, p. 193, et figurent, pl. XXV, fig. 4, l'Amm. Cunningtoni, de Sharpe.

On doit à F.-J. Pictet, *Mélanges paléontologiques*, 4e *notice*, 1863 (*Mém. Soc. phys. et Hist. naturelle de Genève*), une remarquable discussion sur les variations et les limites de quelques espèces du groupe des A. Rotomagensis et A. Mantelli. Pour la première fois, les types d'Ammonites du Cénomanien de la Sarthe, pour la plupart mal représentés dans la Paléontologie francaise, sont figurés de la manière la plus exacte. L'auteur réunit les Amm. Mantelli et Couloni, figure du Mans l'Amm. Rotomagensis Brong., pl. II. Les planches III et V sont consacrées à l'Amm. Cenomanensis d'Archiac, dont Triger avait retrouvé le type étiqueté par d'Archiac au Musée du Mans, la planche V représente l'Amm. Cunningtoni Sharpe, bien caractéristique de la zone à Anorthopygus dans la Sarthe. En outre, il cite du Mans, dans les couches supérieures du cénomanien, d'après Triger, l'Amm. Gentoni Brong., auquel il réunit l'Amm. navicularis (J. Sow. d'Orb. non Mantell); quelques auteurs ont voulu voir cette espèce dans l'Ammonites laxicosta de Lamarck (An. sans vert., tome VII, p. 638, 1822), mais en l'absence d'une bonne description, il vaut mieux laisser ce dernier nom dans l'oubli.

M. Munier-Chalmas, *Note sur quelques espèces nouvelles du genre Trigonia* (*Bull. Soc. Linn. Norm.*, 1re *série, t. IX, p.* 415, 1865), reconnaît que les échantillons du Mans, rapportés autrefois par Lamarck au Trigonia dædalea de Sowerby, présentent des caractères distinctifs assez importants pour autoriser la création d'une espèce nouvelle, comme l'avait déjà fait Agassiz en 1840, sous le nom de Trigonia quadrata; mais ce dernier nom ayant été déjà employé par Sowerby (*Trans. of the London Geol. Society*, vol. IV, p. 357, pl. XVII, fig. 12), ne peut être conservé. M. Munier-Chalmas lui substitue avec raison celui de Trigonia Deslongchampsi.

Un des travaux les plus intéressants après ceux de d'Orbigny, est sans contredit l'*Album paléontologique du département de la Sarthe*, par M. Guéranger, 1re livraison, 1867, composée de 25 belles planches photographiées avec le plus grand soin par M. Gustave, et entièrement consacrées à l'étude de la faune cénomanienne. Les planches originales sont de format in-4°, mais on a tiré une édition miniature qui est la plus connue. La première livraison seule a été publiée, elle comprend les Mollusques, à l'exception des Rudistes, des genres Hinnites, Pecten, Plicatula, Pinna, Ostrea et des Brachiopodes. Dans cet album sont figurés presque tous les fossiles qui ont servi de types aux planches, parfois peu exactes, de la *Paléontologie française*, et aux descriptions du *Prodrome*, en même temps que la plupart des espèces nouvelles décrites dans le *Répertoire paléontologique* de 1853. On doit regretter malheureusement que l'auteur se soit contenté, comme il le dit lui-même dans sa préface, de faire du texte de cet Album une simple légende, et se soit borné aux faibles ressources des bibliothèques de province pour constituer des espèces nouvelles. On n'y trouve plus mention d'une vingtaine d'espèces du Répertoire, mais par contre, on y voit figurées 48 espèces nouvelles. En outre, M. Guéranger réunit son Avellana cenomanensis à Avellana cassis, son Corbula Leufroyi au Corbula impressa?

de Sow., change le Sigaretus bicarinatus en Stomatia bicarinata, le Nerita cenomanensis en Neritina cenomanensis; il figure aussi, sous le nom de Lima elegans Nilsson, une espèce assez fréquente dans les grès à Anorthopygus, assimilation peu fondée, comme on le verra plus loin. Malgré quelques imperfections, ce travail consciencieux est encore aujourd'hui l'un des plus utiles à consulter pour ceux qui étudient la géologie du département.

Coquand, *Monographie du genre Ostrea*, Paris, 1869, travail resté inachevé, ajoute aux fossiles du cénomanien de la Sarthe déjà nommés par Lamarck et d'Orbigny quelques espèces nouvelles : Ostrea Trigeri, Coq., p. 119, pl. 51, fig. 1-2 du groupe des Exogyra; Ostrea pes-draconis Coq., p. 116, pl. 51, fig. 3-4 du groupe de l'O. diluviana, et l'Ostrea nummus Coq., p. 136, pl. 44, fig. 10-12, du Jallais de Coulaines et de la Butte; il cite en outre du Mans l'Ostrea Dessalinesi Coq., p. 116, pl. 50, fig. 6, 7 (Ostrea Carentonensis, d'Orb. non Defrance), décrit et figure l'Ostrea lingularis Lamarck, p. 116, pl. 49 fig. 10-12, l'Ostrea vesiculosa Sow. sp., p. 152 pl. 59, fig. 4, 6, 7, et l'Ostrea Baylei Guér., p. 124, pl. 46, fig. 5-9, cette dernière appartenant à l'étage turonien; les Gryphæa cenomana et Ostrea conglomerata de Defrance sont laissées parmi les formes douteuses.

En 1869, Guillier, dans ses remarquables *Profils géologiques des routes de la Sarthe*, se contente de donner des listes des principaux fossiles cénomaniens de la Sarthe, distribués par horizons; plus tard, dans son ouvrage posthume *Géologie du département de la Sarthe*, publié en 1886, il a donné encore plus d'extension à ces listes, mais sans y ajouter aucune espèce nouvelle.

Dans l'Atlas, publié en 1878, qui forme le tome IV de l'*Explication de la carte géologique de France*, M. Bayle figure avec le plus grand soin plusieurs espèces du cénomanien de la Sarthe, dont plusieurs déjà connues : l'Alectryonia carinata Lamk. sp., l'Exogyra Trigeri, Coq. sp. Pycnodonta biauriculata Lamk. sp. Neithea æquicostata. etc., les autres nouvelles : Acanthoceras Sarthacense Bayle, Lopha Sarthacensis Bayle, Rhynchostreon Chaperi, Bayle. Le texte de cet ouvrage n'ayant pas été publié, nous nous contenterons d'indiquer que l'Acanthoceras Sarthacense appartient à ce groupe d'Ammonites encore si peu connu malgré les travaux de Pictet et Guéranger; le Lopha Sarthacensis est l'huître figurée dans l'Encyclopédie, pl. 187, fig. 1 et 2, rapportée autrefois par Lamarck à l'Ostrea diluviana de Linné dont le type provenait vraisemblablement de l'étage sénonien; mais si l'on considère que Lamarck décrit sous le nom d'Ostrea phyllidiana (Anim. sans vert., t. VI, p. 215, 1819), une coquille figurée dans l'Encyclopédie, pl. 188, fig. 1 et 2, provenant probablement du cénomanien de Maine-et-Loire, espèce que Goldfuss, Deshayes, Bronn, d'Orbigny et Coquand, ont fait rentrer dans la synonymie de l'Ostrea diluviana, on peut admettre pour l'espèce des grès du Maine le nom d'Ostrea phyllidiana, sans créer un nom spécifique nouveau. Enfin, sous le nom de Rhynchostreon Chaperi, M. Bayle désigne un des fossiles les plus communs de l'étage cénomanien, connu de tous sous le nom d'Ostrea columba, la raison de ce changement est que la forme figurée par Lamarck dans l'Encyclopédie, nommée plus tard Ostrea columba, est de grande taille et caractérisée par un sinus bien marqué qui ne se voit que sur les échantillons provenant de l'étage turonien.

M. Morlet, dans la *Monographie du genre Ringicula* (*Journal de Conchyliologie*, t. XVIII,

p. 251, 1879), reproduit d'après une note manuscrite de M. Guéranger, la description d'une espèce de la carrière des Perrais, décrite autrefois très brièvement sous le nom de Ringicula Deshayesi. Répert. paléont., p. 30, 1853. L'absence de figure ne permet pas de juger si ce fossile appartient bien véritablement à ce genre, dont la plupart des espèces se rencontrent dans les terrains tertiaires.

En 1880, M. Bayle, *Liste rectificative de quelques noms de genres et d'espèces* (*Journ. de Conch.* 3e série, t. XX, p. 245) fait remarquer que le nom de Cerithium cylindraceum appliqué par M. Guéranger en 1867 (Album paléont., pl. 14, fig. 3 et 15) à une espèce du Jallais de la Butte fait double emploi avec celui de Cerithium cylindraceum Desh., 1865, et change le premier en Cerithium memorator.

Dans une remarquable étude sur la morphologie de quelques genres de Rudistes (*Bull. Soc. géol. de France*, 3e série, t. X, 1882, p. 472, etc.), M. Munier-Chalmas consacre quelques pages aux Caprotina costata, striata et semistriata de d'Orbigny. La Caprotina striata d'Orb., dont il donne la description détaillée, peut être considérée comme le type même du genre Caprotina, mais il faut lui réunir la Caprotina semistriata, espèce établie sur des échantillons ayant perdu leur couche externe sur la valve supérieure. L'auteur fait ensuite du Caprotina costata d'Orb., le type d'un genre nouveau, sous le nom de Chaperia, dont il donne ici la diagnose complète montrant qu'il diffère surtout des Caprotina « par sa valve libre operculiforme, et par une seule cavité myophore postérieure ». Ce nom de Chaperia avait déjà été proposé, mais sans description, dans le Journal de Conchyliologie, 3e série, t. XIII, p. 73, 1873.

De nos jours, les importants travaux de Zittel, Stoliczka, Gabb et Meek sur les faunes crétacées de Gosau, de l'Inde et de l'Amérique du Nord, ont amené surtout dans les assimilations génériques de nombreux changements qui nécessitent à ce point de vue une revision complète de la faune cénomanienne; avant d'entreprendre une étude aussi étendue, nous avons pensé qu'il serait utile d'indiquer brièvement dès à présent plusieurs changements nécessaires, soit dans la nomenclature, soit en ce qui concerne l'identité de quelques espèces.

**Turritella Bellonii**, Chelot n. sp. 1886.

Nous proposons de désigner sous ce nom la Turritella gracilis, Guéranger. Essai d'un Répertoire paléontologique du département de la Sarthe, p. 29, 1853.

*Id.* Album paléontologique, p. 9, pl. 9, fig. 1, 1867. Sainte-Croix, près Le Mans.

Non Turritella gracilis, Lea. The American Journal of Science and Arts., t. XL, p. 97, pl. 1, fig. 12, 1841. (Eocène d'Alabama.)

Non Turritella gracilis, Goldfuss. Petr. Germ. III, p. 104, pl. 196, fig. 7, 1844.

**Turritella Hennezeli**, Chelot n. sp. 1886.

Turritella alternata, Guéranger. Répertoire, etc., p. 29, 1853.

Id. id. Album paléontologique, p. 9, pl. 9, fig. 5, 1867. Sainte-Croix près Le Mans.

Non Turritella alternata. Say. Conrad. The American Journal of Science and Arts, vol. XXVIII, p. 110, 1835.

**Natica monnetina**. Chelot n. sp., 1886.

Natica acuta, Guéranger. Répertoire, p. 30, 1853.

*Id.* Album paléontologique, p. 14, pl. 10, fig. 2, 3, 1867. Coulaines, Le Mans, etc.

Non Natica acuta, Deshayes. Description des coq. foss. des env. de Paris, t. II, p. 173, pl. 21, fig. 7, 8, 1824.

Non Natica acuta, Sow. sp. BRONN. Italiens Tertiær-Gebilde und deren organische Einschlüsse. Heidelberg. 1831, p. 73.

Non Natica acuta, PHILIPPI. Abbildungen, etc. 1845. Espèce vivante.

**Gyrodes Guillieri**, CHELOT n. sp. 1866.

Nous proposons de désigner sous ce nom :

Natica perforata, GUÉRANGER. Album paléontologique, p. 28, pl. 13, fig. 27, 1867.

Non Natica perforata, DESHAYES. 1866. Descr. des An. sans Vert. du Bassin de Paris, p. 46, pl. 72, fig. 9-11.

Cette espèce comme la Natica gaultina d'Orb., rentre dans le genre Gyrodes de Conrad ; elle se distingue de l'espèce du Gault par sa carène supra-suturale beaucoup plus marquée, son ombilic largement ouvert et caréné du côté externe.

Nous avons trouvé cette espèce à Connerré, associée à l'Anorthopygus orbicularis.

**Nerita trigoniæphila**, CHELOT n. sp. 1886.

Nerita Orbignyi, GUÉRANGER. Album paléontologique, p. 14, pl. 10, fig. 7, 1867. Le Mans.

Non Nerita Orbignyana, RECLUZ. 1850. Journ. de Conch., t. I, p. 282, espèce vivante de la mer Rouge.

Non Nerita Orbignyana, COTTEAU, 1854. Moll. foss. de l'Yonne, p. 30. Corallien de Coulanges.

**Turbo Bizeti**, CHELOT n. sp. 1886.

Turbo radiatus, GUÉRANGER. Album paléontologique, p. 16, pl. 10, fig. 12, 1867.

Non Turbo radiatus, GMELIN. Syst. naturæ, ed. XIII, t. I, p. 3594, n° 19, 1788.

LAMARCK. An. sans Vert, vol. VII, p. 42, 1822. Espèce vivante, mer Rouge.

**Volutoderma Anjubaulti**, CHELOT n. sp. 1886.

Voluta gibbosa, GUÉRANGER. Rep., p. 32, 1853.

*Id.* Album paléontologique, p. 23, pl. 11, fig. 10 et 14.

Non Voluta gibbosa, 1870, BORN. Test. Mus. Cæs. Vind., p. 215, et MARTINI Conch., 2, pl. 51, fig. 565-566. Espèce vivante. Coromandel.

Non Voluta gibbosa, ZEKELI, 1852. Die Gasteropoden der Gosaugebilde, p. 79, pl. 14, fig. 6, 1852.

**Mitra Maureri**, CHELOT n. sp. 1886.

Mitra gracilis, GUÉRANGER. Répert., p. 32, 1853.

*Id.* Album paléont., p. 22, pl. 11, fig. 6, 1867. Coulaines.

Non Mitra gracilis, LEA. The American Journal of Science and Arts, t. XL, p. 101, pl. 1, fig. 20, 1841. (Eocène d'Alabama.)

Non Mitra gracilis, REEVE. 1844. Proc. zoolog. Soc. of London, part. 12, p. 170, 1844. Espèce vivante. Philippines, etc.

Nous dédions cette espèce à M. Maurer, bien connu par ses travaux sur les faunes dévoniennes du Nassau.

**Fusus monnetinus**, CHELOT n. sp. 1886.

Fusus pulchellus, GUÉRANGER. Album paléont., p. 28, pl. 13, fig. 24, 25, 1867.

Non Fusus pulchellus, PHILIPPI, 1845. Enumeratio Molluscorum Siciliæ cum viventium tum in tellure tertiaria fossilium, II, p. 178, pl. 25, fig. 28. Miocène.

Le Fusus Monnetinus dont la forme générale rappelle celle du Fusus Diaboli Gabb. 1864, se rencontre assez rarement dans le grès à Trigonies de Coulaines, non loin du ruisseau du Monnet, d'où le nom.

**Cerithium Guillieri,** CHELOT n. sp. 1886.

Cerithium asper. GUÉRANGER. Album paléontologique, p. 30, pl. 14, fig. 4, 1867. Jallais, La Butte.

Non Cerithium asperum. BRUGUIÈRE. Encycl. méthod. Vers, t. I, p. 475, 1792.

LAMARCK. An. sans Vert., vol. VII, p. 72. Espèce vivante.

**Cerithium Hector,** D'ORB. (CHELOT, 1886.)

D'ORB. Prodrome, t. II, p. 156. Étage 20, n° 214, 1850.

Cerithium eximium, GUÉRANGER. Album paléont., p. 31, pl. 14, fig. 10, 1867. Jallais, La Butte près Le Mans.

Non Cerithium eximium, G. B. SOWERBY. Thesaurus Conchyliorum, t. II, p. 873, pl. 183, fig. 182. Espèce vivante. Ceylan.

Nous avons pu nous assurer d'après l'examen du type déposé dans la collection d'Orbigny au Muséum d'histoire naturelle de Paris que le Cerithium Hector est identique au Cerithium eximium de Guéranger. L'exemplaire type de d'Orbigny est adulte et dans un bon état de conservation, il provient du Jallais du Mans; le nom de Cerithium eximium, faisant double emploi avec une espèce de Sowerby, ne peut être adopté.

**Cerithium pycnodontæphilum,** CHELOT n. sp., 1886.

Cerithium Hector? d'Orb. in Guéranger. Répertoire, p. 33, 1853.

Id. Album paléontologique, p. 30, pl. 14, fig. 2, 1867. Le Mans, Marnes à Ostrea (pycnodonta) biauriculata.

Il résulte de l'observation faite ci-dessus que l'espèce assimilée avec doute par M. Guéranger au Cerithium Hector, d'Orb., constitue une espèce bien distincte.

**Cerithium Domnoli,** CHELOT n. sp. 1886.

Cerithium distinctum, GUÉRANGER. Album paléont., p. 32, pl. 14, fig. 12, 1867. Jallais, La Butte.

Non Cerithium distinctum, ZEKELI. 1852. Die Gasteropoden der Gosaugebilde, p. 100, pl. 19, fig. 6. (Turonien de Gosau.)

**Emarginula compressa** (1), GUÉRANGER. Répertoire, p. 33, 1853.

*Id.* Album paléontologique, p. 34, pl. 14, fig. 27, 1867.

**Emarginula Haugi,** CHELOT n. sp. 1886.

Emarginula conica, GUÉRANGER. Album paléont., p. 34, pl. 14, fig. 28, 30, 31, 33. Yvré-l'Évêque.

Non Emarginula conica, LAMARCK, 1801. Syst. des Anim. sans Vertèbres, p. 69. *Id.* Monterosato. Journ. de Conch., vol. XXVI, p. 148, 1878.

Nous dédions cette espèce à M. E. Haug, préparateur à l'Institut géognostico-paléontologique de Strasbourg.

**Bulla Guillieri,** CHELOT n. sp. 1886.

Bulla Orbignyana, GUÉRANGER. 1853. Répert., p. 34.

*Id.* Album paléontologique. 1867, p. 35, pl. 14, fig. 35. Le Mans. Marnes à ostracées.

Non Bulla Orbignyana, Férussac, 1822. Dict. class. d'hist. nat., t. II, p. 573. Espèce vivante, à laquelle on doit réunir Bulla dilatata de Leach, 1852.

**Linearia Œhlerti,** CHELOT n. sp. 1886.

(1) Nous ferons remarquer à propos de cette espèce que M. COSSMANN. Espèces nouvelles du Bassin de Paris (suite). Journ. de Conch., 3e série, t. XXV, p. 199, pl. 8, fig. 7, 1885, décrit sous le nom de Emarginula compressa, une nouvelle espèce bien voisine de l'Emarginula radiola Lamk. et provenant de Thury-sous-Clermont (Oise).

Nous proposons pour l'espèce éocène le nom de **Emarginula Thuriensis,** CHELOT. 1886.

Arcopagia reticulata, GUÉRANGER. Album paléontologique, p. 38, pl. 15, fig. 13, 1867.

Non Arcopagia reticulata, BELLARDI. 1854. Memorie della reale Accademia di Torino, 2e série, t. XV, p. (18) 186, pl. 2, fig. 9.

L'espèce du Mans rentre dans le genre Linearia de CONRAD, ainsi que l'Arcopagia crenulata GUÉR.

**Astarte Le Contei**, CHELOT n. sp. 1886.

Astarte circularis, GUÉRANGER. Album paléontologique, p. 37, pl. 15, fig. 12 et p. 41, pl. 16, fig. 7, 8, 1867.

Non Astarte circularis, KOCH et DUNKER. Beitræge zur Kenntniss des norddeutschen Oolithen-gebildes und dessen Versteinerungen, pl. 7, fig. 7, 1837.

**Astarte Gentili**, CHELOT n. sp. 1886.

Astarte angulata, GUÉRANGER. Répert. 1853, p. 35.

*Id.* Album paléontologique, p. 40, pl. 16, fig. 5, 1867. Le Mans.

Non Astarte angulata. WOODWARD. Geology of Norfolk, p. 43, pl. 2, fig. 17, 1832. (Crag de Norfolk.)

Cette espèce, mieux étudiée, sera peut-être rangée plus tard dans le genre Gouldia d'ADAMS, comme l'a déjà proposé Stoliczka.

Nous dédions cette espèce à M. Gentil, président de la Société d'agriculture, sciences et arts de la Sarthe.

Remplacer le nom de Trigonia sinuata, PARKINSON (p. 250 de la *Géologie de la Sarthe*), par celui de **Trigonia affinis**, MILLER ms. Sow. Min. Conch., t. III, p. 11, pl. 208, fig. 3, 1818.

**Arca Guillieri**, CHELOT n. sp. 1886.

Arca sinuosa, GUÉRANGER. Album paléont., p. 56, pl. 21, fig. 7, 1867. Jallais, La Butte.

Non Arca sinuosa, MÜNSTER et BRONN. Verzeichniss der in der Kreis-naturalien Sammlung zu Bayreuth befindlichen Petrefakten. Leipzig, 1840.

Cette espèce du groupe des Barbatia, est un peu variable ; certains échantillons sont moins anguleux que ne l'indique la figure donnée par M. Guéranger.

**Arca Trugalensis**, CHELOT n. sp. 1886.

Arca tegulata, GUÉRANGER. Album paléont., p. 58, pl. 21, fig. 14, 1867. La Trugale, zone à Perna anceolata, etc.

Non Arca tegulata, FR. EDWARDS, 1864. S. WOOD. Eocene mollusca. Bivalves, p. 90. pl. 15, fig. 10. (Eocène de Bracklesham.)

**Lima intermedia**, D'ORBIGNY. Pal. franç. Terr. crétacé, t. III, p. 550, pl. 421, fig. 1-5, 1843.

Il faut réunir à cette espèce le Lima elegans, Nilsson sec. Guéranger. Album paléontologique, p. 69, pl. 24, fig. 1, 1867.

Non Plagiostoma elegans, Nilsson. Petrificata Suecana Formationis cretaceæ. Pars prior. Vertebra et Mollusca sistens, p. 26, pl. 9, fig. 7, 1827. (Fragment peu reconnaissable provenant de la craie supérieure de Balsberg. Scanie.)

Cette intéressante espèce est presque exclusivement cantonnée dans la zone à Perna lanceolata ; on la trouvait à la gare du Mans, à La Trugale, à Coudrecieux.

Autant qu'on peut en juger par le fragment figuré par Nilsson, l'espèce de la Sarthe se distingue de celle de Suède par sa taille plus petite, ses côtes rayonnantes flexueuses plus nombreuses et plus serrées, s'atténuant vers le milieu de la coquille du côté anal où n'existent plus que des fines stries ondulées très serrées.

Ce dernier caractère, le plus important, n'a pas été rendu dans la figure de la paléontologie française ; de plus les côtes rayonnantes y sont trop régulières, trop peu nombreuses et trop saillantes. Il n'y a donc rien d'étonnant que M. Guéranger ait méconnu cette espèce qu'il ne cite pas dans son Album paléontologique ; mais la description de la paléontologie française indique assez nettement son caractère distinctif, pour qu'on puisse conclure l'identité de Lima intermedia, d'Orbigny, et de Lima elegans, Guéranger. Cette dernière doit donc être retranchée de la liste des fossiles de l'Étage cénomanien.

**Avicula Guillieri,** CHELOT n. sp. 1886.
Avicula clathrata, GUÉRANGER. Album paléont., p. 61, pl. 22, fig. 11, 12, 1867.
Non Avicula clathrata, LYCETT. 1863. Moll. of the great oolite. Supplément, p. 36, pl. 40, fig. 7. (Grande oolithe de Minchinhampton.)
Forme voisine de l'Avicula anomala, Sow., presque exclusivement cantonnée dans la zone à Anorthopygus, la Gare du Mans, etc.
**Hinnites Trugalensis,** CHELOT n. sp. 1886.
Hinnites gigantea, GUÉRANGER. Répert. 1853, p. 38.
Non Hinnites gigantea, GRAY sp. (Hinnita gigantea. Gray. Annals of Phil. 1826, new series, vol. XII.)
SOWERBY. Monographie du genre Hinnites. Thes Conch., p. 80, pl. 20, fig. 5, 6, 7.

Coquille grande, un peu plus longue que large, très épaisse, à test lamelleux ; la valve inférieure assez profonde présente un talon épais traversé en son milieu par une fossette ligamentaire large d'environ un centimètre. Valve supérieure plus petite, aplatie, à surface marquée de quelques côtes rayonnantes souvent peu distinctes, la plupart des échantillons étant roulés.

Longueur 12 à 15 centimètres. Largeur 9-12.

Coulaines (GUÉRANGER). Musée du Mans.

La Trugale, zone à Perna lanceolata.

**Monopleura Cenomanensis,** D'ORBIGNY sp. Caprotina Cenomanensis, D'ORB.
Cette espèce rentre dans le genre Monopleura de MATHÉRON.
Remplacer Caprotina costata, D'ORB., par **Chaperia costata,** D'ORB. sp. MUNIER-CHALMAS. Études critiques sur les Rudistes. *B. S. G. F.*, 3e série, t. X, p. 493, 1882.

Cette espèce est devenue le type du genre Chaperia MUNIER-CHALMAS, cité pour la première fois, mais non décrit Journ. de Conch., 3e série, t. XIII (vol. XXI), p. 73, 1873.

Dans la même note. *B. S. G. F.* M. Munier-Chalmas propose de rayer de la liste des espèces du genre Caprotina, le **Caprotina semistriata,** d'Orb., qui est établi pour des échantillons du Caprotina striata ayant perdu leur couche externe.

Remarquons que Caprinella triangularis et les cinq espèces qui suivent dans la liste p. 255 de la *Géologie de la Sarthe* doivent être classées dans les Acéphales et non dans les Brachiopodes.

Il conviendrait aussi d'ajouter à la liste des fossiles cénomaniens les espèces suivantes citées par Coquand :

**Ostrea pes draconis** Coq. Mon. du genre Ostrea, p. 116, pl. 51, fig. 3-4. Sables cénomaniens supérieurs. La Butte.

**Ostrea nummus.** Coq., id., p. 136, pl. 44, fig. 10-12. Jallais, Coulaines, La Butte.

**Ostrea Dessalinesi**, Coq., id., p. 116, pl. 50, fig. 6, 7. La Butte.

On pourrait aussi remplacer le nom de Ostrea Sarthacensis Bayle sp. (Ostrea diluviana. Lamarck non Linné) par celui de **O. phyllidiana.** Lamarck.

Ajouter à la liste générale des fossiles de l'étage cénomanien :

**Ringicula Deshayesi,** Guéranger. Répert. paléont., p. 30, 1853.

Morlet. Monographie du genre Ringicula et description de quelques espèces nouvelles. Journ. de Conch. 3e série, t. XVIII (vol. XXVI) p. 251, 1878. Le Mans, carrière des Perrais. Marnes à Ostrea biauriculata.

Liste des végétaux fossiles de l'étage cénomanien, de la *Géologie de la Sarthe.*

M. Louis Crié. Les anciens climats, etc. Rennes, 1879, p. 14, cite **Cycadites cenomanensis,** Crié, nouvelle espèce du cénomanien de Sainte-Croix près Le Mans, mais ne fait plus mention de cette espèce dans ses travaux plus récents; c'est peut-être le **Cycadites Sarthacensis,** Crié.

Le même auteur, dans une liste de la florule crétacée de l'ouest de la France (Rech. sur la Végét., etc., 1878, p. 6, avait signalé dans le cénomanien du Mans la présence d'empreintes de Dicotylédones qu'il avait désignées sous les noms de :

**Phyllites Cenomanensis,** Crié.

— **angustus,** Crié.

**Carpolithes Sarthacensis,** Crié.

Empreintes d'ailleurs indéterminables, que l'auteur dans ses travaux plus récents, a lui-même laissées dans l'oubli.

# SYSTÈME ÉOCÈNE

8. $P_1$. Sables et grès à Sabalites Andegavensis.

Dans une note récente : Essai descriptif sur les plantes fossiles de Cheffes (Maine-et-Loire). Bull. Soc. d'Études Scient. d'Angers (14e année 1884). 1885, p. 402-412. M. Louis Crié donne une revision des végétaux contenus dans les grès à Sabalites de Cheffes et y indique six espèces nouvelles :

**Flabellaria Milletiana,** Crié, l. c., p. 404, 1885. Maine-et-Loire et Sarthe.

**Myrica Andegavensis,** Crié, l. c., p. 505. Cheffes.

C'est peut-être cette espèce que M. Crié désignait antérieurement sous le nom de Myrica exilis. Sap. (Rech. sur la Vég. de l'O. de la France, etc., p. 64.)

**Ficus Milletiana,** Crié, l. c., p. 406, 1885. Cheffes.

**Acer Andegavense,** Crié, l. c., p. 408, 1885.

Représente la famille des Acérinées non encore signalée dans les grès à Sabalites.

**Anacardites andegavensis,** Crié, l. c., p. 409, 1885. Cheffes.

**Leguminosites andegavensis,** Crié, l. c., p. 410, 1885.

Empreinte de gousse ayant appartenu à une plante de la famille des Légumineuses non encore signalée dans les grès à Sabalites.

L'auteur cite en outre de Cheffes les espèces suivantes déjà connues, mais dont plusieurs sont nouvelles pour la flore fossile de Maine-et-Loire :

Asplenium Cenomanense, Crié. Cheilanthes Andegavensis. Crié. Sabalites Andegavensis, Schimper. Myrica æmula Heer. Quercus tæniata, Sap. Quercus Criei, Sap. Laurus Forbesi, de La Harpe. Carpolithes Duchartrei, CRIÉ. Nerium Sarthacense, SAP. Diospyros senescens, SAP. Steinhauera subglobosa, PRESL (Morinda Brongniarti, CRIÉ). Carpolithes Saportana, CRIÉ.

Dans une note plus récente, sur les affinités des flores éocènes de l'Ouest de la France et de l'Amérique septentrionale (*Comptes rendus Ac. Sc.*, t. CII, p. 370-372, 15 févr. 1886). M. CRIÉ compare la flore des grès à Sabalites et celle des dépôts éocènes de l'Amérique du Nord, d'après les travaux de Lesquereux, et cite dans les deux pays **Myrica Brongniarti** Ett. (olim **M.** æmula Heer), puis dans une autre communication (Contribution à l'étude des palmiers éocènes de l'Ouest de la France (*Comptes rendus Ac. Sc.*, t. CII, 18 janv. 1886), cite une nouvelle espèce de palmier fossile des grès de la Sarthe sous le nom de **Sabalites Edwardsii.** CRIÉ (p. 184) et une autre espèce des grès de Cheffes sous le nom de **Phœnicites Gaudryana**. CRIÉ (p. 185).

# TABLE DES MATIÈRES



# TABLE DES ESPÈCES ET GENRES NOUVEAUX





Le Mans. — Typographie Edmond Monnoyer.

8 Juin 8.

www.ingramcontent.com/pod-product-compliance
Ingram Content Group UK Ltd.
Pitfield, Milton Keynes, MK11 3LW, UK
UKHW022147190726
13855UKWH00004B/1369